Pilze sammeln leicht und sicher

Beliebte Speisepilze und ihre Doppelgänger

Dr. Rita Lüder

blv

Was Sie in diesem Buch finden

Pilze – mehr als nur kulinarische Delikatessen

Pilze sind faszinierend und im Haushalt der Natur von weit größerer Bedeutung als allgemein angenommen. Sie werden meistens ausschließlich nach ihrem Speisewert und ihrer Giftigkeit beurteilt und dabei wird häufig vergessen, dass ein Leben auf der Erde ohne Pilze nicht möglich ist.

Sind Pilze unersetzlich?

Pilze haben eine ganz eigene Magie und sie zu entdecken ist für die meisten Menschen eine Freude. Das Sammeln von leckeren Speisepilzen wie Steinpilzen, Maronen und Pfifferlingen wird im Wald und dann bei der Verarbeitung in der Küche zu einem besonderen Erlebnis. Der Anblick von Fliegenpilzen macht fröhlich und erinnert an Märchen aus der Kindheit, dazu gelten sie seit Langem als Glücksbringer. Doch haben Sie sich auch schon einmal gefragt, ob die Pilze für das Leben auf der Erde wichtig sind? Gäbe es ein Leben ohne sie? Die Antwort ist ein ganz klares »Nein«! Als »Umschlagplatz« für nahezu alles verrottende organische Material verbinden sie das Vergehen mit dem Neubeginn, und sie sind im Kreislauf des Lebens unersetzlich! Ohne sie würde die ganze Erde sozusagen an sich selbst ersticken.

Lange wurden Pilze in das Reich der Pflanzen eingegliedert. Doch Pflanzen können im Gegensatz zu ihnen mithilfe des Sonnenlichtes, des CO_2 aus der Luft (Fotosynthese) und der im Wasser gelösten anorganischen Bausteinen im Boden die für ihr und unser Leben notwendige Nahrung aufbauen. Wir, die wir als Menschen dem Reich der Tiere angehören, können das nicht. Wir sind als sogenannte Konsumenten auf die von ihnen gebildeten Substanzen angewiesen.

Die Pilze bilden ein eigenes Reich. Als sogenannte Destruenten erfüllen sie die wichtige Aufgabe, alle von den Pflanzen aufgebaute Nahrung nach ihrer Verwertung wieder in den Kreislauf des Lebens einzugliedern. Kein Baum würde verrotten ohne ihre unermüdliche Arbeit. Und selbst die vom Holz lebenden Insekten bedienen sich ihrer, um diese Nahrung überhaupt in ihrem Darm aufschließen zu können.

Das feine Hyphengeflecht der Pilze ist unter der Rinde oft gut zu sehen.

Um ihre Bedeutung zu verstehen ist es wichtig, sie vollständig zu erfassen. Das, was wir gemeinhin als Pilz bezeichnen, ist nur der Fruchtkörper. Der eigentliche Pilz ist sehr viel größer. Es ist ein fein verzweigtes Geflecht aus den sogenannten Hyphen, die den Boden oder das Holz durchziehen. Sie können sich den Pilz wie den Apfel am Apfelbaum vorstellen. Die Zweige und Blätter entsprechen dem Wurzelgeflecht des Pilzes im Boden und die Äpfel den sichtbaren Fruchtkörpern, den Pilzen.

Lebensformen

Pilze sind in vielen Eigenschaften erstaunlich und ein Reich der Superlative. Hätten Sie gewusst, dass es mehr Pilz- als Pflanzenarten gibt? In Mitteleuropa gehen die Forscher mittlerweile von über 6000 Großpilzen aus, und ständig werden neue Arten entdeckt. So ist es innerhalb dieses großen Pilzreiches nicht verwunderlich, dass es verschiedene Lebensstrategien gibt. Entsprechend werden sie grundsätzlich drei verschiedenen Lebensformen zugeordnet.

Die erste bilden die Folgezersetzer (Saprobionten, s. nächste Seite). Sie sind mehr oder weniger auf die Zersetzung verschiedener Substrate eingestellt. Die häufigeren Arten von ihnen sind weniger spezialisiert als andere, sie gedeihen beispielsweise ohne besondere Bodenansprüche in der Streu von Laub- und Nadelwäldern. Dann gibt es die Spezialisten, die z. B. nur auf Bucheckern, Wildschweinkot oder Kiefernzapfen gedeihen. Es gibt keinen natürlichen Stoff, der nicht von einem Pilz abgebaut und wieder in den Stoffkreislauf des Lebens zurückgeführt werden könnte. Dabei geht die Abbaufähigkeit so weit, dass der Kerosinpilz sogar in Treibstofftanks gedeiht und Rohren und Filtern zusetzen kann.

Die zweite große Gruppe sind die Mykorrhizabildner. Hier leben die Pilze in einer engen Lebensgemeinschaft mit Pflanzen, meist sind es Bäume. Ihr Wurzelwerk ist im Boden mit dem feinen Wurzelgeflecht der Pilze verbunden. Beide haben einen Vorteil von dieser Symbiose. Der Pilz erhält von der Pflanze Stoffwechselprodukte, hauptsächlich Zuckerverbindungen. Im Gegenzug versorgt der Pilz die Bäume mit Wasser und den darin gelösten Nährstoffen sowie zusätzlichen Wuchs- und Wirkstoffen. So haben die Pilze eine bedeutende Rolle beim Wachsen und Gedeihen der Bäume; ohne sie ist ihr Wachstum viel kümmerlicher.

Als dritte Gruppe können Pilze als Parasiten anderen Lebewesen das Leben auch schwer machen. Wenn sie z. B. lebende Bäume befallen, können diese so stark geschädigt werden, dass sie absterben. Meist wachsen die Pilze jedoch auf geschwächten und alten Pflanzen, während vitale und gesunde Gehölze in der Regel verschont bleiben. Dies ist in Naturwäldern gut zu beobachten. So ist die Grenze zwischen Schädlingen und Folgezersetzern oft nicht eindeutig und zeigt viele Übergänge.

Wo finden Sie welche Pilze?

Pilze leisten überall ihre unermüdliche Zersetzungsarbeit – grundsätzlich sind sie also in jedem Lebensraum anzutreffen. Selbst auf den Dornensträuchern der Wüsten sind mit der Lupe winzig kleine Fruchtkörper auszumachen. Doch wo gehen Sie nun am besten auf die Suche, um Speisepilze für eine leckere Mahlzeit zu sammeln?

Auf einer Wiese können Sie verschiedene Folgezersetzer wie Parasolpilze, Riesenboviste und Wiesen-Champignons finden. Allerdings werden Sie Steinpilze und Pfifferlinge hier vergeblich suchen, solange keine Baumpartner in der Nähe wachsen. Dies ist auch der Grund, warum viele Sammler glauben, hier vor einer Verwechslung von Champignons mit Knollenblätterpilzen sicher zu sein. Doch Vorsicht! Bereits mit einer einzelnen Eiche am Rande der Wiese können in deren Umfeld noch weit vom Stamm entfernt Knollenblätterpilze wachsen. Darum muss jeder einzelne Pilz, der in Ihrem Korb landet, einzeln begutachtet und sicher bestimmt werden (s. S. 12)!

Für ein leckeres Mischpilzgericht ist ein Wald mit verschiedenen Baumarten immer eine gute Wahl. Grundsätzlich steigt mit der Anzahl verschiedener Baumarten auch die Anzahl der anzutreffenden Pilzarten – dabei spielt es kaum eine Rolle, ob es sich um Mykorrhizapilze oder Folgezersetzer handelt. Allerdings gibt es neben den Baumarten weitere Kriterien, die einen Wald zu einem guten Pilzrevier machen. So spielen auch das Ausgangsgestein bzw. der Säuregehalt des Bodens und die Wasserverhältnisse eine entscheidende Rolle. Und selbst wenn Sie einen idealen Lebensraum gefunden haben, dann muss auch die Witterung stimmen, um tatsächlich Pilze zu finden.

Stockschwämmchen gedeihen meist auf Laubholz, im Gebirge auch auf Nadelholz.

Mit der Zeit werden Sie ein Gespür entwickeln, wo es sich zu suchen lohnt und wann Sie am besten auf die Suche gehen. Die Pflanzen können Ihnen dabei wichtige Hinweise auf die Standortverhältnisse liefern – und da diese nicht so sporadisch wachsen wie die Pilze, sind diese Informationen so gut wie immer sichtbar.

Sammeln im Laub- oder Nadelwald?

Wenn ich mit den Teilnehmern meiner Pilzkurse in einen Laubwald gehe, kommt oft die erstaunte Frage: »Hier gehst du Pilze sammeln? Hier gibt's doch keine.« Meist haben sich diese Pilzsammler bisher in Nadelwäldern auf die Suche von Maronen spezialisiert. Und so gehören für sie zu einem guten Pilzrevier Fichten oder Kiefern. Doch selbstverständlich hat der Laubwald genauso gute Speisepilze zu bieten wie ein Nadelwald – nur meist andere Arten.

Allerdings gibt es auch gute Speisepilze, die nicht so wählerisch sind und mit verschiedenen Baumpartnern gedeihen. Dazu gehören beispielweise Echte Steinpilze, Flockenstielige Hexenröhrlinge und Pfifferlinge, die sowohl mit Laub- als auch mit Nadelbäumen wachsen. Sommer-Steinpilze können Sie sogar schon ab Mai in sommerwarmen Eichen- und Buchenwäldern finden. Herbst-Trompeten finden Sie ebenfalls bei Buchen und Eichen, diese jedoch meist auf Kalkböden. Stärker spezialisierte Pilzarten gedeihen nur mit einem Baumpartner wie z. B. die ebenfalls essbaren Birkenpilze. Sie verdanken ihren Namen ihren Pilzpartnern, den Birken. Sie sind nur zu finden, wenn in der Nähe irgendwo eine Birke steht. Entsprechend gedeihen die verschiedenen Arten von Rotkappen (s. S. 44/45) mit bestimmten Baumarten, meist sind es Birken, Pappeln oder Eichen. Auch unter den Folgezersetzern gibt es einige, die die sich auf die Zersetzung eines bestimmten Substrates bzw. Holzes spezialisiert haben. Im Laubwald sind hier als Speisepilze auf Holz vor allem Stockschwämmchen und Wässrige Mürblinge zu nennen. Doch natürlich hat der Nadelwald noch mehr zu bieten als nur Maronen. Dies sind Röhrenpilze wie z. B. Sand-, Gold- und Lärchen-Röhrlinge sowie Ziegenlippen.

Für Pilzsammler, die mit dem Sammeln von Lamellenpilzen beginnen wollen, sind die Blutreizker mit ihrem orangefarbenen bis roten Milchsaft (s. S. 92/93) besonders attraktiv. Während der Fichten-Blutreizker seinem Namen entsprechend mit Fichten wächst, finden Sie den Lachs-Reizker bei Tannen und den Edel-Reizker bei Kiefern. Von den Holzpilzen sind die Graublättrigen Schwefelköpfe besonders attraktiv.

Pilze der Nadelstreu: Nadel-Stinkschwindlinge und Schiefknollige Anis-Champignons.

Ohne Merkmale geht es nicht

Von den über 6000 Großpilzen in Mitteleuropa sind etwa 100 Arten essbar und 150 giftig, und von diesen wiederum etwa 10 tödlich gitfitg! Der Rest ist zu bitter, zu hart oder einfach zu klein für den Verzehr, sie werden allesamt als ungenießbar bezeichnet. Wie unterscheiden Sie nun am einfachsten die essbaren von den übrigen?

Grundsätzlich ist erst einmal zu sagen, dass es keine allgemeingültigen Proben gibt, wie anlaufende Löffel oder Zwiebeln, die beim Mitkochen von Giftpilzen schwarz werden. Auch die Tiere mit ihren Fraßspuren in Pilzen können uns leider das Einprägen von Merkmalen nicht ersparen: Sie haben einen ganz anderen Stoffwechsel, und was ihr Magen verträgt, ist für uns noch lange nicht zum Verzehr geeignet. Eine einfache Regel für den Anfänger gibt es jedoch: Es gibt unter den Röhrenpilzen (also denen mit einem Schwamm auf der Hutunterseite) keine tödlich giftigen. Außerdem ist das Artenspektrum hier sehr viel kleiner und übersichtlicher, sodass Sie hiermit gut beginnen können. Wenn Sie sich an das Bestimmen von Lamellenpilzen machen möchten, so ist dies eine ganz andere Sache.

Während beim Bestimmen von Röhrenpilzen oft das Vergleichen von Bildern ausreicht, so kann diese sorglose Herangehensweise bei Lamellenpilzen im schlimmsten Fall tödlich enden! Hier ist es wichtig, die Merkmale genau zu lesen, zu vergleichen und ohne Sporenabdruck kommen Sie meist nicht weit. Die einzelnen Sporen sind nur mit dem Mikroskop sichtbar, doch ihre Farbe verrät schon sehr viel über ihre Familienzugehörigkeit. Diese können Sie oft bereits am Standort auf den Hüten nebenstehender Pilze oder darunter liegender Blätter erkennen. Wenn nicht, hilft ein Sporenabwurfpräparat, kurz auch Sporenabdruck genannt. Legen Sie dafür den Pilzhut mit der Lamellenseite nach unten auf ein weißes oder schwarzes Papier oder eine Glasscheibe. Dann wird der Hut mit einem Glas abgedeckt – so werden die Sporen von der Zugluft nicht verweht. Wenn Sie z. B. lernen möchten, Hallimasch

Ein Sporenabdruck ist für Lamellenpilz-Bestimmungen wichtig und leicht gemacht.

von ähnlich büschelig auf Holz wachsenden Pilzen zu unterscheiden, so ist dieser Abdruck eine gute Hilfe. Alle ähnlichen »Holzpilze« haben braunes Sporenpulver, während das des Hallimaschs weiß ist. Wenn die Sammler von Champignons diese Sporenprobe machen würden, gäbe es keine Verwechslungen mit tödlich giftigen Knollenblätterpilzen mehr, denn das Sporenpulver der Champignons ist braunschwarz, das der Knollenblätterpilze weiß. Beachten Sie auch, dass sich die Farbe der Lamellen bzw. des Schwammes mit dem Alter durch das heranreifende Sporenpulver verändert.

Woher kommt der Ring am Stiel?

Die Gestalt des Pilzes ist ebenfalls sehr wichtig für die Bestimmung. Grundsätzlich werden nach der Fruchtschicht – dem Ort, an dem die Sporen gebildet werden – verschiedene Typen unterschieden. Während sich bei den Bauchpilzen die Sporen (zumindest jung) im Innern des Fruchtkörpers befinden, werden sie bei allen anderen Formen auf der Außenseite gebildet. Ihre Oberfläche ist für eine möglichst große Sporenproduktion durch korallen-, band-, schwamm- oder lamellenartige Struktur stark vergrößert. Die Mehrzahl der Pilze ist in Hut und Stiel gegliedert. Hier sind also feinere Merkmale notwendig, um diese Vielzahl von Arten zu unterscheiden. In der Übersicht können Sie erkennen, wie die einzelnen Teile eines Pilzfruchtkörpers benannt werden. Beim Bestimmen des Pilzes prüfen Sie dann, welche Elemente vorhanden sind oder fehlen. Die Gesamthülle umschließt den gesamten, jungen Fruchtkörper. Sie zerreißt nach dem Aufschirmen des Hutes und bleibt als Flocken auf diesem zurück (rechts) oder ist so stabil, dass sie nur als »Socken« an der Basis des Stieles zu finden ist (links). Die Teilhülle schützt die Lamellen und bleibt nach dem Aufschirmen als Ring (Manschette) am Stiel zurück.

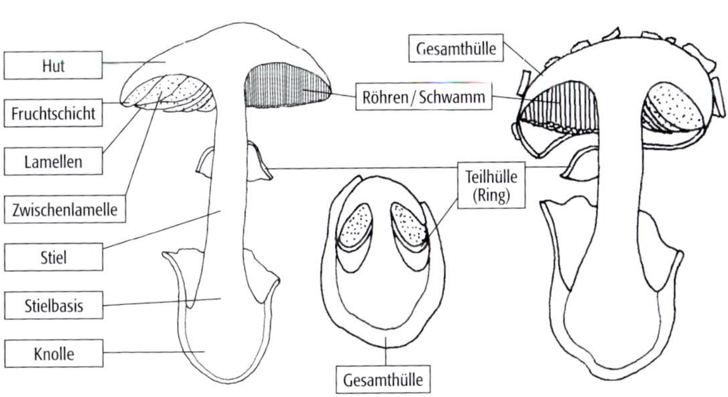

Der Hut kann viele Formen haben

Jeder Pilz hat seine eigene, charakteristische Hutform. Die häufigste ist flach bis halbkugelig ausgebreitet, davon abweichende Gestalten sind in der folgenden Übersicht zusammengestellt. Sie sollten jedoch berücksichtigen, dass es zwischen diesen Formen alle Übergänge gibt, und vor allem, dass sich die Form des Pilzhutes je nach Alter und Entwicklung stark verändern kann.

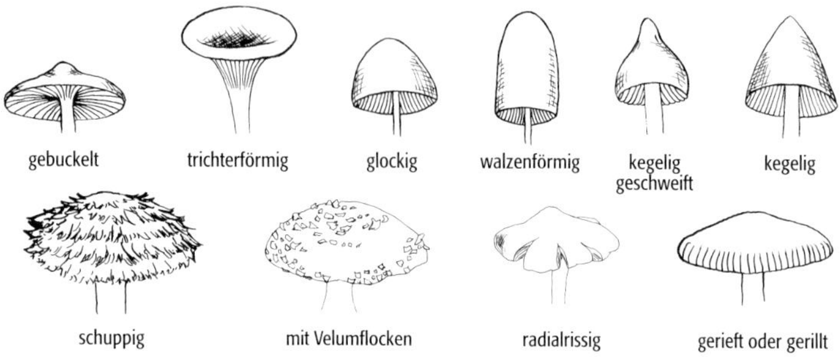

Bei hygrophanen Hüten verändert sich die Farbe außerdem je nach Feuchtigkeitsgehalt. Dabei ist der feuchte Teil des Hutes deutlich dunkler gefärbt als die trockenere Hutmitte, solche Hüte erscheinen meist zweifarbig. Die Huthaut lässt sich leicht oder nur schwer bis gar nicht abziehen und kann schmierig, schleimig, klebrig oder trocken sein. Bei schuppigen Hüten reißt die Huthaut beim Aufschirmen ein. Diese Schuppen sind im Gegensatz zu den Resten der Gesamthülle nicht abwischbar.

Die Lamellen liefern ebenfalls hilfreiche Merkmale für die Bestimmung, und nachfolgend sind die wichtigsten davon dargestellt. Die Lamellen werden auch danach beurteilt, wie entfernt oder eng sie zueinander stehen. Ohne viel Erfahrung stellen Sie sich den Fliegenpilz als Muster für normal bis engstehende Lamellen vor. Ein wichtiges Merkmal sind freie Lamellen. Sie reichen nicht bis an den Stiel heran, sondern treffen kurz davor wieder auf das Hutfleisch. Dies ist oft schwer zu beurteilen und es ist hilfreich zu probieren, ob Sie den Stiel leicht (wie mit einer Sollbruchstelle) aus dem Hut brechen können, was nur bei Pilzen mit freien Lamellen funktioniert.

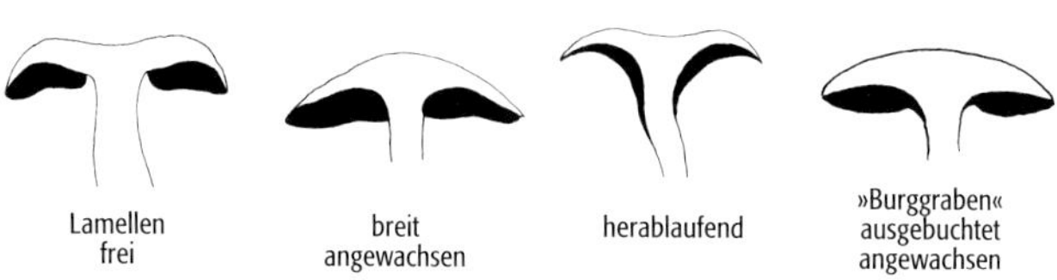

Der Stiel will beachtet werden

Der Stiel liefert viele Merkmale, die sehr hilfreich sind. Die wichtigsten sind nachfolgend abgebildet.

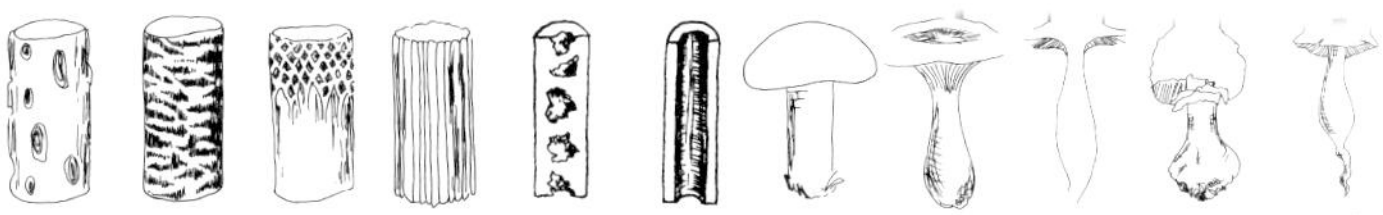

Neben diesen vorgestellten Eigenschaften sind auch der Geruch, die Konsistenz und Farbveränderungen des Fleisches, die Begleitbäume und der Standort sowie die Art und Weise, wie der Pilz wächst, von Bedeutung. Da sich das unterirdische Wurzelgeflecht eines Pilzes oft in alle Richtungen gleichmäßig ausdehnt, wachsen einige Arten in Kreisen, den sogenannten Hexenringen. Andere Arten sind meist nur einzeln zu finden und wiederum andere wachsen hingegen büschelig zusammen.

Eine Geschmacksprobe kann die Mahlzeit retten

Der Geschmack eines Pilzes ist nicht nur für die kulinarische Verwertung von Bedeutung, sondern auch ein gutes Erkennungsmerkmal. Allerdings müssen Sie sich vor jeder Geschmacksprobe unbedingt sicher sein, dass jede Verwechslung mit einem Giftpilz ausgeschlossen ist, denn die tödlich giftigen Arten schmecken weder scharf noch bitter und sind durch ihren Geschmack nicht von essbaren Arten zu trennen! Die Geschmacksprobe dient dazu, essbare von ungenießbaren Arten zu unterscheiden, z.B. Steinpilze von Gallenröhrlingen (s.S. 22/23). Ganz wichtig ist sie auch für die Bestimmung und Verwendung von Täublingen und Milchlingen (beides Sprödblättler, s.S. 94–99 und 90 bis 93). Diese können Sie durch die Konsistenz ihres Fleisches am einfachsten erkennen. Schließen Sie vor diesem Test jedoch sicher aus, dass es sich nicht um einen Knollenblätterpilz (mit Knolle sowie Teil- und Gesamthülle) handelt.

Alle Faserblättler – d.h. alle Pilze außer Milchlingen und Täublingen – haben ein aus nebeneinanderliegenden länglichen Zellfäden (Hyphen) aufgebautes Fleisch. Dadurch bricht der Stiel immer faserig, während er bei den Sprödblättlern ähnlich wie Apfelfleisch in alle Richtungen gleich brüchig und mürbe ist. Für die Geschmacksprobe nehmen Sie ein kleines Stück aus dem Hutfleisch und kauen vorsichtig darauf, um zu sehen, ob sich ein scharfer oder bitterer Geschmack entwickelt. Grundsätzlich wird das probierte Stückchen nach dem Probieren wieder ausgespuckt.

Tipps zum Sammeln

Bereits das Sammeln von Pilzen in der Natur ist ein Erlebnis für alle Sinne. In den letzten Jahren sind Waldpilze immer beliebter geworden und gelten zunehmend als gesunde und kulinarische Delikatesse. Im Fernen Osten haben Pilze zudem eine lange Tradition als Heilmittel. Durch ihre zunehmende Beliebtheit ist das Sammeln inzwischen in einigen Regionen reglementiert. In Naturschutzgebieten ist es gänzlich untersagt. Allerdings ist auch unumstritten, dass ein sachgemäßes Sammeln dem Pilz nicht mehr Schaden zufügt als die Apfelernte dem Apfelbaum. Wenn Sie die Fruchtkörper so schonend wie möglich aus dem Boden entnehmen, ohne dass Sie das umgebende Erdreich mit dem darin verbleibenden Wurzelgeflecht beeinträchtigen, dann ist durch das Sammeln von Pilzen kein Rückgang der Pilzvorkommen zu befürchten.

Für bestimmte Arten wie z. B. Steinpilze und Pfifferlinge gibt es jedoch Sammeleinschränkungen. Sie dürfen nur für den Eigenbedarf in den Korb wandern. Meiner Meinung nach ist die zunehmende Zahl der Pilzsammler ein gutes Zeichen für eine wachsende Naturliebe und ich freue mich über jeden, der die Bedeutung dieser lange verkannten Bindeglieder im ökologischen Kreislauf wahrnimmt und schätzt. Pilze reagieren nämlich mit ihrem feinen Myzel im Boden sehr empfindlich auf äußere Einflüsse und Umweltfaktoren wie z. B. Bodenverdichtung, hohe Stickstoffeinträge und Versauerung. Meine Hoffnung ist, dass genug Pilzfreunde einmal für Ihren Erhalt eintreten und Einfluss darauf nehmen, wie unsere Wiesen und Wälder

Ein Korb ist bestens zum Sammeln geeignet.

Bekannte Pilze werden kurz über dem Boden abgeschnitten.

bewirtschaftet und gepflegt werden. Das Vorkommen der Pilze kann hierzu bestimmt wichtige Hinweise liefern.

Wie sammeln Sie nun so schonend wie möglich? Bekannte Pilze, die für die Zubereitung gedacht sind, werden kurz über dem Boden mit einem Messer abgeschnitten oder aus diesem herausgedreht. Sie werden gleich vor Ort so gut wie möglich mit Pinsel und Messer gereinigt, denn die Zubereitung einer appetitlichen Pilzpfanne beginnt bereits im Wald. Bei Holzpilzen wie dem Stockschwämmchen mit sehr zähen Stielen ist es ratsam, nur die Hüte zu sammeln und sie einzeln in getrennte Behälter zu schneiden. Sie müssen dann später nicht noch einmal nachgesehen und geputzt werden. Alte und madige Pilze lassen Sie gleich im Wald, im Zweifelsfall hilft ein senkrechter Schnitt längs durch Hut und Stiel, um die Verwendbarkeit zu prüfen. Das Fleisch muss sich auch fest anfühlen. Bei unbekannten Pilzen, die Sie für eine Nachbestimmung mitnehmen, ist es wichtig, den Fruchtkörper mit all seinen Merkmalen, also auch die gesamte Stielbasis und evtl. vorhandene Hüllreste, aus dem Boden zu entnehmen. Diese werden vorsichtig aus dem Erdreich gedreht.

Als Transportmittel ist ein Korb bestens geeignet. Dort liegen die Pilze luftig und geschützt. In einer Plastiktüte kann die Zersetzung durch den Luftabschluss besonders bei warmem Wetter bereits während des Transportes einsetzen. Speise- und unbekannte Pilze werden grundsätzlich getrennt gesammelt. Wenn Sie nur einen Korb mitnehmen möchten, dann sind Letztere in Brottüten oder kleinen Behältern bestens aufgehoben. Notieren Sie sich gleichzeitig den Standort und die Begleitbäume. Pilze sind sehr variabel und für die Bestimmung unbekannter Arten ist es hilfreich, Exemplare in verschiedenen Altersstufen vorliegen zu haben. Wenn möglich, dann nehmen Sie jeweils einen jungen, mittleren und alten Pilz mit.

Beachten Sie auch, dass die Größenangaben im Buch immer nur als Richtwert gedacht sind, denn je nach Standort und Klima variiert die Größe der einzelnen Arten sehr! Sie können Ihre Pilzfunde auch in Pilzberatungsstellen kontrollieren lassen. In die Pfanne gehören auf jeden Fall nur sicher erkannte Arten!

Die Pilze werden im Wald so sauber wie möglich gesammelt.

Die beste Sammelzeit

Grundsätzlich können Sie das ganze Jahr über Pilze sammeln. Im Frühjahr ist vor allem die Zeit der Morcheln und Mai-Ritterlinge, nach dem ersten Frost gedeihen spezielle Winterpilze wie z. B. Austernseitlinge und Samtfußrüblinge. Im Herbst ist der Pilzreichtum allerdings am größten. Die eigentliche Pilzsaison beginnt daher in der Regel nach der ersten Sommertrockenheit mit Wiesen-Champignons, Riesen-Bovisten, Pfifferlingen und den meisten Schwammpilzen. Später gedeihen vor allem Lamellenpilze. Bei den Pilzbeschreibungen finden Sie Angaben über die Erscheinungszeit der einzelnen Arten. Dieses Datum hängt jedoch stark von den Klimabedingungen ab, sodass alle Angaben nur Anhaltspunkte sein können.

Zubereitung

Zunächst einmal ist es sehr wichtig, dass kein verdorbenes Pilzfleisch in die Mahlzeit gerät. Wie bei der unten abgebildeten Marone zu sehen ist, können auch schon sehr junge und an sich noch kräftige Pilze zersetzte Stellen aufweisen, die herausgeschnitten werden müssen. Sie können diese an dem bräunlich verfärbten Fleisch erkennen. Bei Maronen und anderen Arten mit farbig anlaufendem Fleisch ist dies besonders gut sichtbar, da an diesen Stellen diese Farbreaktion ausbleibt. Achten Sie sorgsam darauf, nur wirklich frische und junge Pilze zu verwenden, denn die meisten Pilzvergiftungen entstehen durch die Zubereitung zu alter Pilze von eigentlich essbaren Arten! Die Lamellen und Röhren mitsamt dem Sporenpulver sind leckere Bestandteile des gesamten Pilzes und müssen nicht entfernt werden. Die Huthaut kann bei sehr schmierigen Hüten abgezogen werden, grundsätzlich ist dies jedoch nicht notwendig. Stark verschmutzte Pilze können Sie waschen, da sie sich dabei mit Wasser vollsaugen und wertvolle Geschmacksstoffe verlieren, sollten Sie darauf nach Möglichkeit jedoch verzichten.

Eine Marone mit bereits zersetzten Stellen im Fleisch.

Pilze werden grundsätzlich nicht roh gegessen! Eine Ausnahme hiervon bilden lediglich Zucht-Champignons. Nach 20 Minuten sind die Pilze in der Regel ausreichend gegart. Roh giftige Arten wie Hallimasch und Perlpilz sollten vor der eigentlichen Zubereitung ca. 5 Minuten abgekocht werden, um sicherzugehen, dass die gefährlich giftigen Substanzen zersetzt sind. Danach können sie für ein Mischpilzgericht mit den übrigen Pilzen in der Pfanne gegart und ganz normal weiter zubereitet werden

Nahezu alle Pilzarten sind für Mischpilzgerichte geeignet. Spezielle Zubereitungen sind bei den einzelnen Arten im Buch unter »Speisewert« angegeben. Gutes Kauen ist bei einer Pilzmahlzeit sehr wichtig, da die Zellwände aus Chitin aufgebaut sind. Schlecht zerkaut, liegen die Pilze schwer im Magen, und ihre wertvollen Inhaltsstoffe werden unverwertet ausgeschieden. Pilze schmecken in Fett gebraten sehr lecker. Da die Mahlzeit durch einen zu hohen Fettgehalt ebenfalls schwer verdaulich werden kann, sollten sie vor allem bei ausgebratenen Hüten darauf achten. Essen Sie auch keine zu großen Portionen. Wenn Sie eine neue Art in Ihren Speiseplan aufnehmen möchten, dann probieren Sie es zunächst erst einmal mit einer kleinen Portion, ob Ihnen der Geschmack dieses Pilzes zusagt. Außerdem kann jede neue Speise zu persönlichen Unverträglichkeiten (Allergie) führen. Mit einer kleinen Probe können Sie dies leicht herausfinden.

Aufbewahrung

Pilze können entgegen althergebrachten Meinungen sehr wohl aufgewärmt werden. Dieser Grundsatz stammt aus einer Zeit, als es die heutigen Möglichkeiten der Kühlung noch nicht gab. Das Eiweiß der Pilze ist dem von Fisch oder Fleisch sehr ähnlich. Wenn Sie die Pilze ähnlich wie dieses behandeln, können Sie kaum etwas falsch machen.

Pilze können zum Konservieren sehr gut getrocknet werden. Dies geschieht am einfachsten mit einem Trockenapparat. Sie können die Pilze jedoch auch im Freien, in einem gut belüfteten Raum oder im Backofen bei 40 °C trocknen. Dabei lassen Sie die Tür am besten leicht geöffnet. Im Ofen dauert die Trocknung einige Stunden, im Freien sollte der Trockenvorgang in zwei Tagen abgeschlossen sein. Aufbewahren können Sie die Pilze am besten in luftdicht verschließbaren Gläsern. Aus den Trockenpilzen können Sie sich ganz einfach Würzpulver für Suppen und Saucen herstellen, indem Sie die getrockneten Pilze mit einer Getreidemühle oder Küchenmaschine zu Pulver mahlen. Pilze können auch sehr gut eingefroren aufbewahrt werden. Dazu einfach das fertige Pilzgericht oder die angegarten Pilze nach halber Garzeit in geeignete Behälter abfüllen. Sie können Pilze auch einkochen, dabei verlieren sie allerdings sehr an Geschmack.

50 Porträts beliebter Speisepilze

Auf den folgenden Seiten stelle ich Ihnen meine favorisierten Speisepilze vor. Auf der linken Seite ist jeweils der Speisepilz abgebildet und erklärt. Rechts daneben finden Sie drei Pilzarten, mit denen Sie diesen am ehesten verwechseln könnten. Die Merkmale, woran Sie die Doppelgänger von den Speisepilzen unterscheiden können, werden im Text neben dem Foto erklärt.

Fichten-Steinpilz *Boletus edulis* Juli bis Oktober

TIPP DER PILZBERATERIN Steinpilze sind die beliebtesten Speisepilze überhaupt und jeder Sammler möchte wissen, wo sie am besten zu finden sind. Fliegenpilze und Mehl-Räslinge (s. S. 86) gelten als gute Steinpilzzeiger, da sie die gleichen ökologischen Ansprüche haben. Dies gilt allerdings nicht für reine Birkenwälder, da Steinpilze nur selten eine Lebensgemeinschaft mit Birken eingehen.

STANDORT Der Fichten-Steinpilz ist die häufigste Steinpilz-Art und wird auch Echter Steinpilz genannt. Er geht vor allem mit Fichten und Buchen eine Lebensgemeinschaft ein und wächst daher in den meisten Nadel- und Mischwäldern.

AUSSEHEN Typisch für alle Steinpilze ist der dickfleischige, braune Hut, jung mit weißlichem und im Alter mit gelb-olivgrünem Schwamm. Im Gegensatz zu anderen, oft recht ähnlichen Steinpilzarten befindet sich bei diesem meist eine weißliche Linie am Hutrand und das Hutfleisch ist unter der Huthaut rosabräunlich getönt. Der dickbauchige Stiel trägt besonders im oberen Teil ein helles Netzmuster. Hut ca. 10–25 cm und Stiel ca. 15×5 cm.

SPEISEWERT Der Steinpilz ist einer der schmackhaftesten heimischen Pilze. Er eignet sich ebenso für die Zubereitung in Suppen, Mischgerichten und Saucen. In dünne Scheiben geschnitten und mit Butter, Salz und Pfeffer angebraten, ist er eine Delikatesse. Sie können Steinpilze auch sehr gut trocknen oder einfrieren. Steinpilzpulver ist eine edle Zugabe zu feinen Saucen und eine ideale Grundlage für Pilzsuppen.

Er wird auch Bitterling genannt, und ein versehentlich in die Pilzpfanne geratener Pilz kann eine ganze Mahlzeit verderben. Typisch sind die im Alter rosabraunen Röhren. Das Netzmuster am Stiel ist deutlicher ausgeprägt als beim Steinpilz und dunkel. Im Zweifelsfall hilft eine Geschmacksprobe. Meist erkennen Sie den bitteren Geschmack des Gallenröhrlings bereits, wenn Sie an der Schnittstelle mit der Zunge lecken.

Ungenießbar   Juni bis Oktober

Gallen-Röhrling *Tylopilus felleus*

Das Fleisch der Marone läuft im Gegensatz zu dem des Steinpilzes auf Druck und beim Anschnitt blau an. Der dicke Stiel der Steinpilze ist kein sicheres Erkennungsmerkmal, da dieser auch bei Maronen recht bauchig sein kann. Er ist jedoch bräunlich und trägt keine Netzzeichnung, sondern wirkt eher wie marmoriert.

Essbar   Juli bis November

Marone *Xerocomus badius*

Hexenröhrlinge (s. S. 26/27) sehen Steinpilzen von oben recht ähnlich, obwohl ihr Hut samtiger und meist etwas dunkler ist (anderer Name: Schusterpilz). Beim Blick auf Schwamm und Stiele werden die Unterschiede jedoch sehr schnell deutlich, denn beide sind intensiv rot gefärbt. Außerdem läuft das gelbe Fleisch auf Druck und beim Anschneiden in Sekundenschnelle tiefblau an.

Essbar   Juni bis Oktober

Flockenstieliger Hexen-Röhrl. *Boletus erythropus*

Sommer-Steinpilz *Boletus reticulatus* Mai bis August

TIPP DER PILZBERATERIN Seinen Namen verdankt dieser gute Speisepilz seinem meist frühen Erscheinen im Jahr. Er ist bei entsprechender Witterung den ganzen Sommer über zu finden, daher auch sein Name! Eine brauchbare Regel für Anfänger lautet: Wenn Sie sich auf das Sammeln von Schwammpilzen mit dunklen Hüten ohne rote Farben an Hut oder Stiel beschränken, können Sie sicher sein, keine Giftpilze zu sammeln. Sie können sich höchstens mit dem Gallen-Röhrling die Mahlzeit verderben, und Sie kommen nicht in den Genuss einiger guter Speisepilze wie z. B. dem Hexenröhrling (s. S. 26). Diese können Sie jedoch nach und nach kennenlernen.

STANDORT Diese Steinpilzart geht eine Lebensgemeinschaft mit Laubbäumen ein. Besonders häufig gedeiht er bei Eichen, weshalb er auch Eichen-Steinpilz genannt wird.

AUSSEHEN Von seiner dickstieligen Gestalt her ist er ein typischer Steinpilz mit jung weißlichem und im Alter gelb-olivgrünem Schwamm. Im Gegensatz zum Fichten-Steinpilz ist der Hut meist etwas heller und filziger. Dieser Art fehlt auch häufig die weißliche Linie um den Hutrand. Außerdem ist das Netzmuster fast immer am gesamten Stiel zu sehen und intensiver ausgeprägt. Hut ca. 10–25 cm und Stiel ca. 15×5 cm.

SPEISEWERT Der Sommer-Steinpilz ist ein ebenso guter Speisepilz wie seine meist etwas später im Jahr erscheinenden Verwandten. Er kann ebenso sehr gut getrocknet, eingefroren und zu Pilzpulver verarbeitet werden.

Der Gallen-Röhrling ist diesem Steinpilz durch die Netzzeichnung am Stiel noch ähnlicher als der Fichten-Steinpilz. Allerdings ist das Netz nicht so dunkel wie das des Gallen-Röhrlings. Außerdem wird der Schwamm, bei beiden jung weiß, beim Gallen-Röhrling im Alter zunehmend rosafarben. Im Zweifelsfall hilft eine Geschmacksprobe, denn den bitteren Geschmack erkennen Sie meist schon beim Anlecken der Schnittstelle.

Ungenießbar   Juni bis Oktober

Gallen-Röhrling *Tylopilus felleus*

Der Kiefern-Steinpilz hat einen recht dunklen Hut mit stärkerer Rottönung. Er hat ebenso wie der Sommer- und Fichten-Steinpilz einen jung weißen und im Alter olivgrünlichen Schwamm. Das Netzmuster am Stiel ist ebenfalls weißlich, meist aber nicht so deutlich wie beim Sommer-Steinpilz. Er wächst bei Kiefern, seltener auch mit Fichten. Da er nährstoffarme Standorte bevorzugt, ist er seltener als seine verwandten Arten.

Essbar   Juli bis Oktober

Kiefern-Steinpilz *Boletus pinophilus*

Besonders Birkenpilze (s. S. 42) mit nicht so intensivem, schwarzdunklem Flockenmuster am Stiel können Sommer-Steinpilzen recht ähnlich sehen. Der Stiel der Birkenpilze ist jedoch immer rau und meist auch schlanker. Der Schwamm wird im Alter grau bis bräunlich und niemals olivgrün. Außerdem gedeihen sie nur in Lebensgemeinschaft mit Birken.

Essbar   Juni bis Oktober

Birkenpilz *Krombholziella scabra*

Flockenst. Hexen-Röhrling

Juni bis Oktober

Boletus erythropus

TIPP DER PILZBERATERIN Der Flockenstielige Hexen-Röhrling ist entgegen seinem abschreckenden Namen und den intensiven Farben ein ausgezeichneter Speisepilz. Er teilt oft denselben Standort mit Steinpilzen, die jedoch viel bekannter sind und von vielen gesammelt werden. Außerdem ist der Hexen-Röhrling ebenso lecker und seltener madig. Sehr junge Pilze sind äußerst fest und bleiben am besten bis zum nächsten Ausflug – bis sie größer und zarter sind – stehen.

STANDORT Meist findet man diesen Speisepilz in Wäldern auf sauren Böden. Er gedeiht in Lebensgemeinschaft mit verschiedenen Bäumen, besonders häufig mit Rotbuchen, Eichen und Fichten.

AUSSEHEN Seiner braunen, wildlederartigen Hutoberfläche verdankt er auch den Namen Schusterpilz. Typisch sind die roten Röhren, der rote Stiel und das gelbe, beim Anschneiden sofort sehr stark blauende Fleisch. Der Stiel ist fein geflockt und trägt kein Netzmuster. Hut ca. 10–20 cm und Stiel ca. 15×5 cm.

SPEISEWERT Es ist ein uneingeschränkt essbarer Speisepilz, der dem Steinpilz ebenbürtig und auch zum Trocknen sehr gut geeignet ist. Das feste Fleisch färbt sich in der Pfanne schwarz. Im Gegensatz zum in kleinen Mengen roh essbaren Steinpilz sollte der Flockenstielige Hexen-Röhrling auf jeden Fall ausreichend gegart werden. Zu Pilzpulver verarbeitet, gibt er Bratensaucen einen würzigen Geschmack und eine dunkle Färbung.

Seinen Namen verdankt er der deutlichen Netzzeichnung am Stiel. Das Fleisch ist unter dem Röhrenfutter im Gegensatz zum Flockenstieligen Hexen-Röhrling rötlich. Dies sehen Sie am besten, wenn Sie das Röhrenfutter entfernen. Er gedeiht meist auf Kalkböden und häufig in Parkanlagen. Seine angebliche Giftwirkung in Verbindung mit Alkohol ist inzwischen widerlegt.

Essbar Juni bis Oktober

Netzstieliger Hexen-Röhrling *Boletus luridus*

Bis auf den hellen Hut ist dieser Giftpilz dem Hexenröhrling sehr ähnlich. Das Fleisch verfärbt sich auf Druck und im Anschnitt nur schwach blau. Es schmeckt mild, sodass eine Geschmacksprobe wie bei Gallen- und Schönfuß-Röhrling nicht weiterhilft. Besonders roh verursacht er heftige Magen-Darm-Probleme. Er wächst häufig unter Eichen und Buchen auf Kalkböden.

Giftig Juli bis September

Satans-Röhrling *Boletus satanas*

Der Schönfuß-Röhrling hat wie der Satans-Röhrling auch (siehe oben) einen viel helleren Hut als der Hexen-Röhrling und zudem gelbe Poren. Er gedeiht im Laub- und Nadelwald auf sauren Böden meist unter Rotbuchen und Fichten und ist in den Gebirgslagen weitverbreitet. Sein Fleisch ist wie das des Gallen-Röhrlings bitter. Oft reicht das Anlecken der Schnittstelle aus, um die Bitterkeit wahrzunehmen.

Ungenießbar Juli bis Oktober

Schönfuß-Röhrling *Boletus calopus*

Marone *Xerocomus badius*

Juli bis November

TIPP DER PILZBERATERIN Viele Kursteilnehmer erzählen mir, sie würden »nur« Maronen sammeln, doch vermutlich sind schon einige Exemplare der Ziegenlippe, des Dunklen Filzröhrlings oder des Rotfuß-Röhrlings als Marone in der Pfanne gelandet. Was auch nicht weiter schlimm ist, denn unter den Röhrlingen gibt es keine tödlich giftigen Arten. Das macht diesen Speisepilz besonders für Anfänger so attraktiv. Wenn Sie sich also auf das Sammeln von Schwammpilzen mit braunem Hut beschränken, können Sie im schlimmsten Fall einen bitteren Gallen-Röhrling erwischen, der Ihnen Ihr Pilzgericht verdirbt.

STANDORT Maronen finden Sie in Nadel- und Mischwäldern unter Kiefern und Fichten auf sauren Böden.

AUSSEHEN Der braune Hut der Marone ist trocken lederartig und feucht schmierig. Das Fleisch läuft auf Druck und beim Anschnitt blau an. Der ringlose Stiel ist meist walzenförmig, doch er kann auch bei Maronen recht dickbauchig sein. Er ist jedoch bräunlich und wirkt wie marmoriert und trägt keine Netzzeichnung. Hut ca. 5–15 cm und Stiel ca. 10×2 cm.

SPEISEWERT Es ist ein ausgezeichneter Speisepilz. Allerdings sollten Sie nur frische Pilze sammeln und verdorbene Stellen entlang von Fraßspuren großzügig entfernen. Das Fleisch der Maronen ist jung und in guter Qualität weißlich bis gelblich und bläut leicht. Fehlt diese Farbreaktion und wirkt das Fleisch bräunlich, dann handelt es sich um bereits in der Zersetzung befindliche Stellen, die unbedingt entfernt werden müssen!

Der Schwamm wird im Gegensatz zu dem Olivgelb der Maronen im Alter zunehmend rosafarben und auf Druck braunrot. Er trägt ein deutliches Netzmuster am Stiel, während der Stiel der Marone glatt ist und lediglich bräunlich gemasert wirkt. Im Zweifelsfall hilft eine Geschmacksprobe: Die Bitterkeit des Gallenröhrlings nehmen Sie meist schon beim Anlecken der Schnittstelle wahr.

Ungenießbar   Juni bis Oktober

Gallen-Röhrling *Tylopilus felleus*

Es gibt noch einige weitere Arten von Filzröhrlingen wie beispielsweise den Herbst-Rotfußröhrling (er wird auch Stattlicher Rotfußröhrling genannt), der Maronen sehr ähnlich sehen kann. Während die Huthaut der typischen Rotfuß-Röhrlinge (s. S. 32) im Alter meist felderig aufreißt, ist dies bei dieser Art selten der Fall. Der Stiel ist intensiv gelb gefärbt. Jung ist er ein ebenbürtiger Speisepilz.

Essbar   Juli bis November

Herbst-Rotfußröhrling *Xerocomus pruinatus*

Im Gegensatz zur Marone läuft das Fleisch der Ziegenlippe (s. S. 30) nicht oder kaum blau an, und der meist mehr olivfarbene, feinsamtige Hut ist nicht schmierig. Der Schwamm wirkt leuchtender gelb. Eine Verwechslung ist nicht schlimm, denn beide Pilze sind ähnlich lecker und für jede Art der Zubereitung geeignet.

Essbar   Juli bis Oktober

Ziegenlippe *Xerocomus subtomentosus*

Ziegenlippe

Xerocomus subtomentosus

Juli bis Oktober

TIPP DER PILZBERATERIN Die Ziegenlippe gehört zu den vielen Filzröhrlingen, die vermutlich schon so manches Mal als Marone in einer Pilzpfanne gelandet sind. Da alle Arten dieser Gattung essbar sind, macht dies nichts. Zudem sind ihre Merkmale recht variabel und oft sehen sie sich so ähnlich, dass es schwierig ist, untypische Exemplare sicher von beispielsweise Maronen, Braunen Filzröhrlingen oder Rotfuß-Röhrlingen zu trennen. Vielleicht gibt es unter ihnen auch Mischformen (Bastarde), wie sie in der Botanik bei einigen Gattungen vorkommen.

STANDORT Die Ziegenlippe geht mit verschiedenen Bäumen eine Lebensgemeinschaft ein und gedeiht in Laub- und Mischwäldern auf nicht zu sauren, meist lehmigen Böden. In reinen Nadelwaldbeständen ist sie seltener.

AUSSEHEN Der Hut ist meist olivbraun und die Oberfläche wildlederartig bis filzig. Der Schwamm ist jung leuchtend gelb und bläut bei Druck leicht. Später färben sich die Druckstellen braun. Der walzenförmige Stiel ist farblich sehr variabel von bräunlich bis hin zu gelblich. Das weißliche Fleisch wird auf Druck und beim Anschneiden nicht oder nur leicht bläulich. Hut ca. 3–10 cm und Stiel ca. 8×2 cm.

SPEISEWERT Die Ziegenlippe ist ein mittelmäßiger Speisepilz, der sich sehr gut für Mischgerichte eignet. Er kann auch getrocknet oder eingefroren werden.

Das Fleisch der Marone (s. S. 28) läuft im Gegensatz zu dem der Ziegenlippe auf Druck und beim Anschnitt stärker blau an. Der Hut ist dunkler und besonders feucht viel schmieriger. Der Schwamm der Ziegenlippe ist zudem leuchtender gelb.

Essbar Juli bis November

Marone *Xerocomus badius*

Der Schwamm wird im Alter zunehmend rosafarben – im Gegensatz zum erst gelben und später olivgrünen Schwamm der Ziegenlippe. Der dickbauchigere Stiel des Gallen-Röhrlings hat ein dunkles, deutliches Netzmuster. Im Zweifelsfall hilft eine Geschmacksprobe. Den bitteren Geschmack des Gallen-Röhrlings können Sie meist schon beim Anlecken der Schnittstelle wahrnehmen.

Ungenießbar Juni bis Oktober

Gallen-Röhrling *Tylopilus felleus*

Weiterhin gibt es noch andere Filzröhrlinge, die ähnlich aussehen können, wie beispielsweise der Dunkle Filzröhrling und der Rotfuß-Röhrling (s. S. 32). Letzteren können Sie vor allem an dem zur Basis hin roten Stiel erkennen. Typisch ist auch die im Alter felderig aufreißende Huthaut. Der Braune Filzröhrling ist meist in der Stielmitte rot getönt und hat blasseres Fleisch. Alle Arten sind essbar.

Essbar Juli bis November

Rotfuß-Röhrling *Xerocomus chrysenteron*

Rotfuß-Röhrling *Xerocomus chrysenteron* Juli bis November

TIPP DER PILZBERATERIN Der Rotfuß-Röhrling verdankt seinen Namen dem besonders zur Basis hin rötlich gefärbten Stiel. Er ist leicht zu erkennen, doch geschmacklich ein nicht so guter Speisepilz wie die Marone. Es lohnt sich auch nur, die jungen und noch festfleischigen Exemplare zu sammeln, da ältere Exemplare weich und unappetitlich sind. Wenn Sie im Wald von Schimmelpilzen vollkommen weiß überzogene Pilze sehen, sind das meist Rotfuß-Röhrlinge. Genau genommen gibt es nicht nur »den« Rotfuß-Röhrling, sondern mehrere Arten: Die sehen aber alle so ähnlich aus, dass Anfänger und selbst geübte Pilzsammler keine Unterschiede feststellen können. Deshalb wird hier auch nicht weiter auf die verschiedenen Unterarten eingegangen.

STANDORT Rotfuß-Röhrlinge gehen sowohl mit Laub- als auch mit Nadelbäumen eine Lebensgemeinschaft ein. Im Herbst sind sie deshalb überall in Laub- und Nadelwäldern recht häufig zu finden.

AUSSEHEN Der kaum schmierige Hut ist von der Farbe her sehr variabel: von eher oliv- bis hin zu kastanienbraun. Typisch sind die im Alter felderig einreißende Oberfläche und die rot gerandeten Fraßstellen. Die gelblichen Röhren blauen bei Berührung fast ebenso wie bei den Maronen und auch das Fleisch ist beim Anschneiden schwach blauend. Hut ca. 5–10 cm und Stiel ca. 6 × 1,5 cm.

SPEISEWERT Das Fleisch verdirbt relativ schnell und ist im Vergleich mit dem von Marone oder Steinpilz minderwertig. Es hat allerdings einen ganz eigenen, säuerlichen Geschmack, der von manchen Sammlern geschätzt wird.

Neben dem Rotfuß-Röhrling gibt es auch Filzröhrlinge mit rotem Hut und rotem Stiel wie beispielsweise den Aprikosenfarbenen Filzröhrling und den Blutroten Röhrling. Beide sind allerdings seltener. Der Blutrote Röhrling gedeiht ebenfalls in Laub- und Mischwäldern und oftmals auch an grasigen Stellen. Der Aprikosenfarbene Filzröhrling ist nördlich der Alpen recht selten.

Essbar Juni bis Oktober

Blutroter Röhrling *Xerocomus rubellus*

Genau genommen wird der Rotfuß-Röhrling in mehrere Arten unterteilt, wie beispielsweise den Falschen Rotfuß-Röhrling (*Xerocomus porosporus*) und den Herbst-Rotfußröhrling. Er ist an dem gelben Stiel, der leuchtender ist, und dem meist etwas dunkleren Hut zu erkennen. Seine Huthaut reißt anders als bei Rotfuß-Röhrlingen und dem Falschen Rotfuß-Röhrling nicht felderig auf.

Essbar Juli bis November

Herbst-Rotfußröhrling *Xerocomus pruinatus*

Der bei jungen Pilzen weiße Schwamm wird im Gegensatz zum gelben und später olivgrünen des Rotfuß-Röhrlings im Alter zunehmend rosabräunlich. Außerdem ist der Stiel dickbauchiger und trägt ein deutliches, dunkles Netzmuster. Im Zweifelsfall hilft eine Geschmacksprobe, denn der bittere Geschmack ist meist schon beim Anlecken der Schnittstelle wahrnehmbar. Ein einzelner Pilz kann bereits ein ganzes Gericht verderben.

Ungenießbar Juni bis Oktober

Gallen-Röhrling *Tylopilus felleus*

Sand-Röhrling *Suillus variegatus* Juli bis November

TIPP DER PILZBERATERIN Den Namen verdankt der Sand-Röhrling seiner wie besandet wirkenden Huthaut. Er hat von den Schmierröhrlingen die trockenste Huthaut und ist auch der beste und dickfleischigste Speisepilz aus dieser Gattung. Alleine deshalb lohnt es sich, ihn kennenzulernen. In Kiefernwäldern mit Heidekraut und Heidelbeeren ist er neben Maronen einer der häufigsten Röhrlinge.

STANDORT Der Sand-Röhrling geht mit Kiefern eine Lebensgemeinschaft ein und gedeiht in Kiefern- und Mischwäldern auf sauren Böden sowie in Heiden und Mooren.

AUSSEHEN Typisch sind die bereits jung schon olivgelblichen Röhren, sie sind dunkler als bei den anderen Schmierröhrlingen und sehr fein. Der feinkörnig bis filzige Hut ist mehr oder weniger semmelfarben und wird nur bei feuchtem Wetter schmierig. Der ringlose Stiel hat ungefähr die gleichen Farben wie der Hut. Das Fleisch läuft manchmal bei Druck und im Anschnitt leicht blau an und riecht säuerlich. Hut ca. 5–15 cm und Stiel ca. 8×2,5 cm.

SPEISEWERT Es ist ein festfleischiger, kompakter Pilz, der recht ergiebig und schmackhaft ist. Besonders gut eignet er sich als Mischpilz beispielsweise mit Maronen, Birkenpilzen, Stockschwämmchen, Schwefelköpfen und Täublingen. Er kann auch getrocknet für Saucen oder gemahlen als Pilzpulver verwendet werden.

Falls Sie doch einmal statt Sand-Röhrlingen Kuh-Röhrlinge (s. S. 40) gesammelt haben, werden Sie beim Braten überrascht feststellen, dass sich Ihre Pilze beim Erhitzen fleischrosa bis pink farben. Ein gutes Unterscheidungsmerkmal sind die relativ weiten und rhombischen, schmutzig ockerfarbenen Röhren, die recht weit am Stiel herablaufen. Der gelbbraune Hut ist klebrig und elastisch biegsam.

Essbar   Juli bis Oktober

Kuh-Röhrling *Suillus bovinus*

Das sicherste Unterscheidungsmerkmal sind die leuchtend gelben Farben, denen der Gold-Röhrling (s. S. 36) seinen Namen verdankt. Die Röhren sind zitronengelb und färben sich auf Druck und beim Anschnitt ebenso wie das Fleisch bräunlich. Er besitzt eine Teilhülle, die nach dem Aufschirmen als schmierige Ringzone am Stiel zurückbleibt. Er wächst nur unter Lärchen.

Essbar   Juni bis Oktober

Gold-Röhrling *Suillus grevillei*

Der Schwamm der Ziegenlippe (s. S. 30) wirkt viel leuchtender gelb als der des Sand-Röhrlings. Die ganze Gestalt der Ziegenlippe ist graziler und das Fleisch weicher. Der flach gewölbte Hut ist trocken und dicht feinfilzig. Die Farbe ist meist olivbraun und die Oberfläche nie schmierig.

Essbar   Juli bis Oktober

Ziegenlippe *Xerocomus subtomentosus*

Gold-Röhrling *Suillus grevillei* Juni bis Oktober

TIPP DER PILZBERATERIN Gold-Röhrlinge sind sehr auffällige Pilze, die leicht zu erkennen sind. Ihren Namen verdanken sie dieser leuchtenden Farbe. Wenn Sie die schmierige Huthaut stört, können Sie diese vor dem Zubereiten abziehen. Merken Sie sich den Fundort, denn die Pilze erscheinen über viele Jahre am selben Standort und liefern oft schon im Juni eine leckere Mahlzeit.

STANDORT Gold-Röhrlinge wachsen ohne besondere Bodenansprüche sowohl auf Wiesen als auch in Wäldern, dort stets in der Nähe von Lärchen. Sie gehen mit diesem sommergrünen Nadelbaum eine Lebensgemeinschaft ein. Trotz ihres leuchtenden Hutes sind sie oft erstaunlich gut getarnt. In bergigen Regionen ist er besonders häufig und in jungen Lärchenpflanzungen tritt er oft als Massenpilz auf.

AUSSEHEN Erkennungsmerkmale sind der schmierige, goldgelbe Hut, der gelbe Stiel mit der schmierigen Ringzone und die gelben Röhren. Auch das Pilzfleisch ist intensiv gelb gefärbt. Es läuft ebenso wie der Schwamm auf Druck und nach dem Anschneiden braun an. Hut ca. 4–10 cm und Stiel ca. 10 × 1,5 cm.

SPEISEWERT Der Gold-Röhrling ist jung ein schmackhafter Speisepilz, das Fleisch wird jedoch im Alter schneller weich als bei hartfleischigen Arten wie z. B. Steinpilzen oder Maronen. Sie sollten daher nur festfleischige Exemplare sammeln, deren Fleisch noch gelb ist. Die schmierige Huthaut kann abgezogen werden.

Der Rostrote Lärchen-Röhrling wächst ebenfalls wie der Gold-Röhrling bei Lärchen. Er hat einen stärker rostfarbenen Hut, dessen Oberfläche nur feucht klebrig ist. Die Poren sind dunkler gefärbt und relativ grob, das Fleisch ist mehr rötlichgelb.

Essbar Juli bis Oktober

Rostroter Lärchen-Röhrling *Suillus tridentinus*

Der Butterpilz (s. S. 38) hat einen ebenso schmierigen Hut, der jedoch viel brauner ist als der des Gold-Röhrlings. Die Poren sind feiner und der Stiel heller. Die jung durch die weiße Teilhülle geschützten Röhren sind hellgelb. Später bleibt diese Hülle als Ring am Stiel zurück, oberhalb von ihm ist der gelbliche Stiel dunkel punktiert. Der Butterpilz hat statt der Lärche stets Kiefern als Baumpartner.

Essbar August bis November

Butterpilz *Suillus luteus*

Der Graue Lärchen-Röhrling ist ebenfalls ein Lärchen-Begleiter, allerdings nur auf Kalkböden. Sein Hut ist entsprechend seinem Namen graubraun und die Oberfläche besonders feucht schmierig. Als Mischpilz ist es auch ein guter Speisepilz.

Essbar Juli bis Oktober

Grauer Lärchen-Röhrling *Suillus viscidus*

Butterpilz *Suillus luteus* August bis November

TIPP DER PILZBERATERIN Der Butterpilz ist wegen allergisch bedingter Reaktionen inzwischen ein nicht ganz unumstrittener Pilz. Ich vergleiche ihn gerne mit einer Erdbeere. Da recht viele Menschen allergisch auf den Genuss von Erdbeeren reagieren, wären sie als Pilz heute vermutlich auch nicht mehr zum Essen freigegeben. Probieren Sie also erst einmal mit einer kleinen Menge, ob Ihnen dieser Pilz bekommt.

STANDORT Der Butterpilz hat die Kiefern als Baumpartner und gedeiht meist auf relativ anspruchslosen Sandböden in Nadelwäldern.

AUSSEHEN Typisch sind der feucht-schmierige, braune Hut und der jung leuchtend gelbe Schwamm. Die Röhren mit den feinen, runden Poren sind vor dem Aufschirmen des Hutes jedoch von der Teilhülle verdeckt, die beim Heranwachsen als Ring am Stiel zurückbleibt. Der Stiel ist besonders zur Spitze hin gelb und dunkel punktiert. Das butterweiche Fleisch, dem dieser Pilz seinen Namen verdankt, ist ebenfalls gelblich und im Bereich des Hutes heller als im Stiel. Hut ca. 5–12 cm und Stiel ca. 8 × 1,5 cm.

SPEISEWERT Trotz seines wunderschönen Namens ist der Butterpilz nur jung wirklich lecker, da sein Fleisch rasch weich wird. Außerdem ist es recht mühsam, die schmierige Huthaut zu entfernen. Das Fleisch hat jedoch einen angenehmen Geschmack, und bei trockenem Wetter gesammelte Pilze ergeben auch mitsamt der Huthaut eine leckere Mahlzeit.

Der Gold-Röhrling (s. S. 36) hat einen ebenso schmierigen Hut, der jedoch viel gelber ist als der des Butterpilzes. Allerdings blasst der Hut des Butterpilzes im Alter oft aus und auch der des Gold-Röhrlings kann dann seine leuchtende Farbe verlieren, sodass sich beide zunehmend ähnlicher werden. Solch alte Exemplare sind für die Küche nicht mehr verwertbar! Findet man Gold-Röhrlinge, ist immer eine Lärche in der Nähe.

Essbar Juni bis Oktober

Gold-Röhrling *Suillus grevillei*

Die Marone hat einen weniger schmierigen Hut und das Fleisch läuft im Gegensatz zu dem des Butterpilzes auf Druck und beim Anschnitt blau an. Ein gutes Unterscheidungsmerkmal ist auch der fehlende Ring am Stiel bei der Marone.

Essbar Juli bis November

Marone *Xerocomus badius*

Bis auf den Ring am Stiel ist diese Art dem Butterpilz sehr ähnlich. Der Stiel wird allerdings besonders zur Basis hin rosafarben und der Hut ist etwas faseriger. Der Ringlose Butterpilz ist seltener als der Butterpilz und gedeiht vor allem in Gebirgslagen auf Kalkböden.

Essbar Juni bis Oktober

Ringloser Butterpilz *Suillus collinitus*

Kuh-Röhrling *Suillus bovinus* Juli bis Oktober

TIPP DER PILZBERATERIN Der Kuh-Röhrling ist kein ausgesprochen attraktiver Speisepilz, da er schnell weich wird und nur junge Pilze schmackhaft sind. Allerdings zaubert er hübsche Farbkleckse in ein Mischpilzgericht, die mir gut gefallen. Da er auch meist mit vielen Exemplaren an einem Standort erscheint, lohnt es sich durchaus, die jungen und noch etwas festfleischigeren Pilze einzusammeln.

STANDORT Kuh-Röhrlinge gehen eine Lebensgemeinschaft mit Kiefern ein und sind besonders auf sauren Böden weitverbreitet.

AUSSEHEN Typisch für diesen Schmierröhrling ist der schmutzig ockerfarbene Schwamm mit den relativ rhombischen und weitporigen Röhrenmündungen. Dies ist vor allem bei den älteren Exemplaren sichtbar. Der Schwamm läuft meist recht weit am ringlosen Stiel herab und ist schwer vom Hut zu trennen. Auffällig sind auch die biegsame, elastische Beschaffenheit des Hutes und die pinkfarbene Verfärbung des Fleisches beim Garen. Hut ca. 3–10 cm und Stiel ca. 5 × 1 cm.

SPEISEWERT Die weichfleischigen älteren Pilze sind nicht besonders lohnend und können eine schmackhafte Pilzpfanne eher verderben. Gerade bei dieser Art empfiehlt es sich, nur die jungen, noch recht festfleischigen Exemplare zu sammeln. Erschrecken Sie nicht, wenn sich das Pilzfleisch beim Erhitzen fleischrosa bis pinkfarben färbt.

Er hat ebenfalls ziemlich grobe Poren, aber häufig einen schlankeren Stiel. Die Röhren sind erst orange und später rostbraun. Das Fleisch ist im Hut orangerosa und im Stiel chromgelb. Der Pilz hat einen brennend scharfen Geschmack. Als Würze ist der Pilz nicht brauchbar, da die »Pfefferwirkung« beim Erhitzen verloren geht und der Geschmack dann unangenehm wird. Er gedeiht im Nadel- und Mischwald unter Fichten und Kiefern.

Ungenießbar   August bis November

Pfefferröhrling *Chalciporus piperatus*

Die viel feineren und meist etwas dunkler gefärbten Röhren sind ein gutes Unterscheidungsmerkmal des Sand-Röhrlings (s. S. 34). Außerdem ist der Hut weniger klebrig und die ganze Gestalt kompakter und festfleischiger. Spätestens in der Pfanne werden Sie eine evtl. Verwechslung merken, wenn das, was Sie für Kuh-Röhrlinge gehalten haben, nicht pinkfarben anläuft.

Essbar   Juli bis November

Sand-Röhrling *Suillus variegatus*

Der Gold-Röhrling (s. S. 36) hat einen schmierigeren Hut, der leuchtender goldgelb gefärbt ist als der des Kuh-Röhrlings. Ein sicheres Unterscheidungsmerkmal ist die schmierige Ringzone des Goldröhrlings bzw. der durch eine Teilhülle geschützte Schwamm der jungen Pilze. Der Gold-Röhrling gedeiht nur mit Lärchen, mit denen er eine Lebensgemeinschaft eingeht.

Essbar   Juni bis Oktober

Gold-Röhrling *Suillus grevillei*

Birkenpilz *Krombholziella scabra* Juni bis Oktober

TIPP DER PILZBERATERIN Der Gewöhnliche Raustielröhrling wird gemeinhin als Birkenpilz bezeichnet. Den wenigsten Sammlern ist bekannt, dass es »den« Birkenpilz nicht gibt, da etwa 40 Arten in dieser Gattung unterschieden werden. Sie sehen sich alle recht ähnlich und sind sehr variabel. Meist ist die Hutfarbe der in Trockengebieten wachsenden Pilze heller und jener in Feuchtgebieten dunkler. Glücklicherweise gibt es keine ungenießbaren oder giftigen Arten in dieser Gattung.

STANDORT Wie der Name Birkenpilz vermuten lässt, gedeiht dieser Pilz stets in der Nähe von Birken, mit denen er eine Lebensgemeinschaft eingeht. Er bevorzugt feuchte Böden.

AUSSEHEN Der Stiel wirkt im Verhältnis zum braunen Hut relativ lang. Der gesamte Stiel ist durch schwarz bis graubräunliche Schuppen sehr rau. Diesen Flocken verdankt diese Gattung ihren Namen »Raustielröhrlinge«. Sie entstehen dadurch, dass die dunkle Stielrinde dem Wachstum des Pilzes nicht folgen kann und einreißt. Das Röhrenfutter scheint im Alter unter dem Hut hervorzuquellen und ist zum Stiel hin meist tief ausgebuchtet angewachsen. Der Schwamm läuft auf Druck leicht braun an. Hut ca. 4–12 cm und Stiel ca. 15×2 cm.

SPEISEWERT Birkenpilze sind schmackhafte Pilze, das Hutfleisch wird im Alter leider sehr schnell weich und der Stiel zunehmend zäh, sodass nur junge Exemplare wirklich schmackhaft sind. Bei älteren Pilzen wird auch der Schwamm sehr weich und sollte entfernt werden.

Der Hainbuchen-Raustielröhrling unterscheidet sich von den anderen, sehr ähnlichen Birkenpilzen dieser Gattung vor allem dadurch sehr stark, dass sein Fleisch auf Druck und im Anschnitt schwarz wird. Wenn Sie ihn versehentlich statt eines Birkenpilzes gesammelt haben, werden Sie sich vermutlich wundern, warum Ihre Pilzpfanne diesmal schwarz wird. Als Pilzpartner gedeiht diese Art mit Hainbuchen.

Essbar   Juli bis Oktober

Hainbuchen-Raustielröhrling *Leccinum carpini*

Der Schwamm besitzt vor allem im Alter mehr rötliche Farbanteile als bei denen des Birkenpilzes. Außerdem ist der Stiel dickbauchiger und trägt ein deutliches dunkles Netzmuster und keine geschuppte Oberfläche. Im Zweifelsfall hilft eine Geschmacksprobe, denn der bittere Geschmack ist meist schon beim Anlecken der Schnittstelle deutlich wahrnehmbar.

Ungenießbar   Juni bis Oktober

Gallen-Röhrling *Tylopilus felleus*

Die Heide-Rotkappe hat wie alle Rotkappen einen mehr oder weniger roten Hut. Diese Art wächst ebenfalls bei Birken. Sie läuft bei dem Erhitzen ebenso schwarz an wie der Hainbuchen-Raustielröhrling. Als Speisepilz sind Rotkappen noch besser geeignet als Birkenpilze, da sie festfleischiger sind und nicht so leicht verderben.

Essbar   Juni bis Oktober

Heide-Rotkappe *Leccinum versipelle*

Heide-Rotkappe *Leccinum versipelle* Juni bis Oktober

TIPP DER PILZBERATERIN Die Heide-Rotkappe ist ein wunderbarer Einsteiger-Pilz. Durch die kräftig roten Hutfarben ist er nicht nur eine Augenweide, sondern auch leicht zu erkennen. Zudem ist er ein ausgezeichneter Speisepilz. Ähnlich wie beim Birkenpilz gibt es auch hier noch einige weitere Arten von Rotkappen, die alle essbar und schmackhaft sind. Sie unterschieden sich vor allem durch ihre Baumpartner und die Farbe der Flocken am Stiel.

STANDORT Die Heide-Rotkappe ist leider in Deutschland in den meisten Regionen selten geworden. Sie gedeiht als Birkenbegleiter meist in Heidelandschaften auf sauren, sandigen Böden. In Skandinavien ist sie weitverbreitet, und die stattlichen Exemplare sind in den weiten Landschaften oft bereits vom Auto aus auszumachen.

AUSSEHEN Die rote Huthaut ist im Vergleich zu den Birkenpilzen mehr überhängend, d. h., der Schwamm quillt im Alter nicht unter dem Hut hervor. Die graubraunen Röhren haben recht enge Porenmündungen. Der raue Stiel ist mit schwärzlichen Schuppen besetzt. Das feste Fleisch ist weiß und verfärbt sich an der Luft langsam rosa bis zartviolett und beim Erhitzen schwarzviolett. Hut ca. 5–15 cm und Stiel ca. 12×4 cm.

SPEISEWERT Das Fleisch der Rotkappen ist fest, angenehm im Geschmack und wird im Alter nicht so schnell weich wie das der Birkenpilze. Allerdings sollten Sie wissen, dass die Pilzstücke in Ihrer Pfanne beim Garen schwarz anlaufen.

Filzröhrlinge können ebenfalls einen roten Hut haben. Im Gegensatz zu den Rotkappen ist ihr Stiel jedoch glatt und mehr oder weniger rot. Ihr Schwamm ist jung gelb und im Alter olivgrün. Das gelbliche Fleisch läuft auf Druck und beim Anschnitt schwach blau an und schmeckt säuerlich. Sie sind in Heidelandschaften eher selten anzutreffen. In Parkanlagen oder an Wegrändern wachsen sie in der Nähe von Bäumen.

Essbar   Juni bis Oktober

Blutroter Röhrling *Xerocomus rubellus*

Rotkappen verlieren im Alter und beim Eintrocknen oft ihre leuchtend roten Hutfarben und sehen dann braunhütigen Raustielröhrlingen sehr ähnlich. Am schwierigsten ist die Unterscheidung zum Hainbuchen-Raustielröhrling, da dessen Fleisch auf Druck und beim Erhitzen ebenfalls schwarz wird. Wenn Sie auf den Baumpartner achten, hilft dies auch bei der Unterscheidung, denn diese Art ist an Hainbuchen gebunden.

Essbar   Juli bis Oktober

Hainbuchen-Raustielröhrling *Leccinum carpini*

Diese Rotkappe unterscheidet sich vor allem durch ihren heller geflockten Stiel, der an der Basis manchmal blaugrün gefleckt ist. Ihr Vorkommen ist meist an Pappeln (Espen) gebunden. Das weiße Fleisch färbt sich beim Anschneiden zunächst weinrötlich und wird dann schwärzlich, in der Pfanne wird es wie bei allen Rotkappen schwarz.

Essbar   Juni bis Oktober

Espen-Rotkappe *Leccinum aurantiacum*

Gewöhnlicher Hallimasch

September bis November

Armillaria ostoyae

TIPP DER PILZBERATERIN Da dieser leckere Pilz oft in großen Massen vorkommt, lohnt es sich, ihn kennenzulernen. Wenn Sie auf das weiße Sporenpulver achten, können Sie ihn nicht mit anderen büschelig wachsenden Holzpilzen verwechseln. Besonders lecker sind die kleinen knubbeligen Exemplare. Meine Eltern lassen sie in der Bratensauce eine halbe Stunde mitschmoren, das ist eine ganz besondere Delikatesse.

STANDORT Der Hallimasch wächst büschelig auf totem und lebendem Nadel- und Laubholz. Nach Holzeinschlag oder Sturmbruch gibt es oft Massenbestände. Vitale und gesunde Bäume schädigt er nicht.

AUSSEHEN Der breite, ockerfarbene Hut ist mit vielen Hutschuppen besetzt. Der Stiel trägt einen watteartigen, weißlichen Ring und oberhalb der Ringzone ist der Stiel typisch längs gestreift. Das Sporenpulver ist weiß. Hut ca. 3–10 cm und Stiel ca. 10 × 1 cm.

SPEISEWERT Er ist jung ein schmackhafter und ergiebiger Speisepilz. Der Stiel wird im Alter zunehmend zäh. Da er roh stark giftig ist, sollte er unbedingt ausreichend gegart, besser noch abgekocht werden. Das feste Fleisch verliert dadurch nicht an Qualität. Allerdings wird er nicht von allen Personen vertragen und Sie sollten erst einmal mit einer kleinen Menge versuchen, ob er Ihnen bekommt. Außerdem ist es ein Heilpilz. Den Namen soll er seinem Ruf verdanken, abführend zu wirken, und vom volkstümlich-drastischen »Heil im Arsch« stammen.

Dieser Hallimasch ist etwas seltener, er hat meist einen dunkleren Hut mit gelben Hutschuppen und einen stärker gelb getönten Ring und Stiel. Der Speisewert entspricht dem des Gewöhnlichen Hallimaschs. Er erscheint meist bereits etwas früher und wächst an ähnlichen Standorten.

Essbar Juli bis November

Honiggelber Hallimasch *Armillaria mellea*

Der Sparrige Schüppling wächst ebenfalls büschelig an Holz, er hat keine Weißanteile in seinen Farbtönen. Das Sporenpulver ist braun und färbt die jung blassgelben Lamellen und den Ring mit zunehmendem Alter braun. Sein Geschmack ist bitter. Er wächst häufig am Grunde von lebenden Laubbäumen, kann jedoch auf sehr verschiedenen Laub- und Nadelgehölzen wachsen.

Ungenießbar
September bis November

Sparriger Schüppling *Pholiota squarrosa*

Diese Art ist kleiner und dünnstieliger als der Hallimasch. Da jedoch 100 bis 150 g Frischpilz eine tödliche Vergiftung verursachen können, sollten Sie beim Sammeln von Holzpilzen den Gift-Häubling auf jeden Fall sicher ausschließen. Neben der Größe sind das braune Sporenpulver und der zartere Ring ein gutes Unterscheidungsmerkmal.

Tödlich giftig
September bis November

Gift-Häubling *Galerina marginata*

Maipilz *Calocybe gambosa* April bis Juni

TIPP DER PILZBERATERIN Der Maipilz wird auch »Mai-Ritterling« genannt. Er ist ein wunderbarer Frühjahrspilz, der gleichzeitig mit der Apfelblüte erscheint. Sein mehlartiger Geschmack sagt nicht jedermann zu, doch lohnt sich auf jeden Fall ein Versuch, denn er ist sehr festfleischig und ergiebig.

STANDORT Meist findet man diesen Folgezersetzer auf Rasenflächen in Laub- und Mischwäldern. Er gedeiht jedoch auch in Parkanlagen und an Wegrändern und bevorzugt mineralreiche Böden. Seine in Hexenringen oder Reihen wachsenden Fruchtkörper erscheinen jedes Jahr wieder am selben Standort, den Sie sich unbedingt merken sollten.

AUSSEHEN Es ist ein relativ kräftiger, kompakter und festfleischiger Pilz. Die weißliche bis cremefarbene Hutoberfläche ist wildlederartig und der Stiel ohne Ring. Die weißen Lamellen sind meist ausgebuchtet angewachsen, das Sporenpulver ist ebenfalls weiß. Typisch sind auch der mehlartige Geruch und Geschmack des Fleisches. Hut ca. 3–10 cm und Stiel ca. 7×2 cm.

SPEISEWERT Das feste Fleisch macht diesen Pilz zu einem ergiebigen Speisepilze mit ganz eigenem Geschmack, der von einigen sehr geschätzt und von anderen abgelehnt wird.

Etwas später im Jahr findet man den Riesen-Rötling in Laubwäldern auf Kalkböden. Er ist allerdings recht selten. Er hat im jungen Zustand bereits gelbliche Lamellen, die später eine lachsrosa Färbung annehmen, und rosabräunliches Sporenpulver. Das kräftige, weiße Fleisch hat einen unangenehmen Geruch.

Giftig Juli bis Oktober

Riesen-Rötling *Entoloma sinuatum*

Sein Hut ist stärker kegelförmig, erst weißlich bis strohfarben, läuft aber im Alter und bei Verletzung ziegelrot an. Dies sehen Sie bei jungen Pilzen, wenn Sie die Hüte einige Stunden liegen lassen: Diese verfärben sich dann vom Rand her ziegelrot. Ältere Hüte sind oft eingerissen (Name!), von dort beginnt auch die Verfärbung. Der Geruch ist jung obstartig und später spermatisch, jedoch nie mehlartig. Das Sporenpulver ist erdbraun.

Giftig Mai bis Juli

Ziegelroter Risspilz *Inocybe erubescens*

Er wächst auf ähnlichen Standorten wie der Maipilz, meist jedoch erst im Herbst. Er ist wie andere Vertreter aus der Gattung der Rötelritterlinge, wie die Nebelkappe (s. S. 54) und der Violette Rötelritterling (s. S. 56), essbar. Das typische Merkmal sind die leicht vom Hutfleisch lösbaren Lamellen. Diese Art hat zudem einen typisch parfümiert würzigen Geruch nach Veilchen, der sich bei der Zubereitung verflüchtigt.

Essbar September bis November

Veilchen-Rötelritterling *Lepista irina*

Gew. Samtfußrübling

November bis März

Flammulina velutipes

TIPP DER PILZBERATERIN Diesen Pilz kennenzulernen lohnt sich auf jeden Fall. Er ist nicht nur sehr lecker, sondern verlängert die Pilzsaison weit in den Winter hinein, wenn es kaum noch andere Speisepilze gibt. Dies macht ihn auch gerade für Anfänger interessant, weil damit die Verwechslungsgefahr sinkt.

STANDORT Der Gewöhnliche Samtfußrübling ist ein frostunempfindlicher Pilz, der auf lebendem und totem Laubholz wächst. Meist findet man ihn auf Weiden und Pappeln.

AUSSEHEN Typisch sind der leuchtend orangefarbene Hut mit der klebrigen, gelatineartigen Huthaut und der samtige Stiel, dem dieser Pilz seinen Namen verdankt. Er ist besonders im unteren Teil braun- bis schwarzsamtig. Die Lamellen sind weiß bis gelblich und am ringlosen Stiel angewachsen. Das Sporenpulver ist weiß. Dadurch ist er, ebenso wie der Hallimasch (s. S. 46), von anderen büschelig wachsenden Holzpilzen leicht zu unterscheiden. Hut ca. 3–5 cm und Stiel ca. 4×0,5 cm.

SPEISEWERT Das Hutfleisch ist recht dünn und ein einzelner Pilz wenig ergiebig. Meist wachsen jedoch viele Fruchtkörper büschelig zusammen, sodass ein Fund häufig für eine Mahlzeit reicht. Der Stiel ist sehr zäh und sollte vor der Zubereitung entfernt werden. Am einfachsten ist es, die Pilze gleich ohne Stiele zu sammeln.

Diese tödlich giftige Art unterscheidet sich durch den faserigen und nicht samtigen Stiel, der zudem einen Ring besitzt. Die Hüte sind nicht so leuchtend gefärbt und das Sporenpulver ist braun. Er kann auf totem Nadel- und Laubholz vorkommen. Meist wächst er weniger büschelig als der Samtfußrübling.

Tödlich giftig
September bis November

Gift-Häubling *Galerina marginata*

In milden Wintern können Ziegelrote Schwefelköpfe auch zur gleichen Zeit wachsen wie der Gewöhnliche Samtfußrübling. Sie gedeihen ebenfalls auf Laubholz, sind jedoch kompakter und die Lamellen sind jung bereits gräulich. Der nie samtige Stiel und das dunkelbraunschwarze Sporenpulver sind sichere Unterscheidungsmerkmale. Der Geschmack ist ungenießbar bitter.

Ungenießbar August bis November

Ziegelroter Schwefelkopf *Hypholoma sublateritium*

Diese Art hat einen mehr grüngelblichen Hut und kommt sowohl auf Laub- als auch Nadelholz vor. Die Lamellen sind auch jung niemals weiß und später durch das dunkelbraunschwarze Sporenpulver zunehmend dunkel. Der Geschmack ist ungenießbar bitter.

Ungenießbar Mai bis November

Grünblättr. Schwefelkopf *Hypholoma fasciculare*

Violetter Lacktrichterling

Juli bis November

Laccaria amethystina

TIPP DER PILZBERATERIN Diesen Pilz habe ich schon als Kind kennengelernt, und auch wenn er noch so klein und unergiebig ist, nehme ich immer wieder ein paar davon für unsere Mischpilzgerichte mit. Kindern macht es oft Spaß, diesen Pilz zu sammeln. In meinen Kursen erlebe ich, dass sie sogar häufig schneller als die Erwachsenen lernen, ihn vom Rettich-Helmling zu unterscheiden.

STANDORT Er wächst häufig zwischen Moosen oder in der Laubstreu der meisten Laub- und Nadelwälder, besonders in feuchten Jahren ist er häufig.

AUSSEHEN Am auffälligsten ist die in allen Teilen violette Farbe. Allerdings ist er auch stark hygrophan, das bedeutet, dass er feucht sehr farbintensiv ist, und beim Austrocknen werden die violetten Farbtöne cremefarbener bis hell grauviolett. Die Lamellen und der Stiel haben mehr oder weniger die gleiche Farbe wie der Hut. Die breit angewachsenen Lamellen sind auffällig dicklich und stehen recht entfernt voneinander. Der Stiel ist ziemlich zähfleischig und an der Basis durch angewachsene Myzelstränge filzig. Hut ca. 1–5 cm und Stiel ca. 5×0,5 cm.

SPEISEWERT Dieser zierliche Pilz zaubert Farbe in ein Mischpilzgericht, weshalb es sich lohnt, seine Bekanntschaft zu machen. Da die Stiele recht zäh sind, empfiehlt es sich, die Hüte ohne viel Stielfleisch abzuschneiden. Außerdem bleibt sonst viel Substrat am Stiel haften, und das Myzel im Boden kann dadurch geschädigt werden.

Rötlicher Lacktrichterling *Laccaria laccata*

Dieser nahe Verwandte des Violetten Lacktrichterlings hat alle Merkmale wie dieser, nur dass seine Farbe fleisch- bis lachsrötlich ist, daher auch sein Name. Es gibt noch ein paar weitere rötliche Lacktrichterlinge, die essbar sind, von denen die meisten Arten jedoch nur mikroskopisch eindeutig zu bestimmen sind.

Essbar   Juni bis November

Rettich-Helmling *Mycena pura*

Er ist ebenso häufig und kommt oft zusammen mit Lacktrichterlingen auf denselben Standorten vor. Mit einem Blick auf den Hut sind beide sehr ähnlich. An den Lamellen können Sie die beiden jedoch leicht unterscheiden: Während die relativ entfernt stehenden des Violetten Lacktrichterlings die gleiche violette Farbe haben wie Hut und Stiel, sind die des Rettich-Helmlings weißlich und stehen enger. Er riecht nach Rettich.

Giftig   Juli bis Oktober

Rettich-Gürtelfuß *Cortinarius evernius*

Kleine Schleierlinge wie der Violette Rettich-Gürtelfuß (*Cortinarius scutulatus*) und der Rettich-Gürtelfuß können Lacktrichterlingen ähnlich sehen. Jung sind sie am spinnwebartigen Schleier zu unterscheiden, der besonders gut zwischen Hutrand und Stiel sichtbar ist. Die Lamellen sind durch das rostbraune Sporenpulver bräunlich. Beide Arten wachsen vor allem in Berglagen auf sauren und feuchten Böden, oft bei Torfmoosen.

Giftig   Juli bis November

Nebelgr. Rötelritterling

September bis November

Lepista nebularis

TIPP DER PILZBERATERIN Der Nebelgraue Rötelritterling ist ein recht umstrittener Pilz, der früher auf Märkten angeboten wurde, dann mit dem Giftstoff Nebularin in Verruf geraten und heute wieder rehabilitiert ist. Dieser Pilz ist einer der variabelsten überhaupt und für einen Anfänger ist es oft eine große Herausforderung, seine verschiedenen Formen zu erkennen. Er hat einen ganz eigenen Geschmack, der entweder sehr geschätzt oder gänzlich abgelehnt wird.

STANDORT Dieser Folgezersetzer erscheint meist im Spätherbst und bildet dann häufig als Massenpilz große Hexenringe in Laub- und Nadelwäldern.

AUSSEHEN Er wird auch »Nebelkappe« genannt und hat tatsächlich nebelgraue Farben. Der Hut ist grau bis graubraun, der Stiel ist ohne Ring und die Lamellen sind stehend gedrängt. Ein gutes Merkmal für das Erkennen sind die Lamellen, die nicht fest mit dem Hutfleisch verwachsen sind. Typisch sind auch der süßlich mehlartige Geruch und Geschmack. Hut ca. 5–15 cm und Stiel ca. 9×2 cm.

SPEISEWERT Da nach dem Verzehr dieses Pilzes häufiger Unverträglichkeiten auftreten, ist es ratsam, ihn vor der Zubereitung abzukochen. Probieren sie erst einmal eine kleine Portion, um zu sehen, ob er Ihnen bekommt und ob Ihnen der Geschmack gefällt. Ich selbst esse ihn gerne, vor allem nach dem Abkochen kross angebraten mit Zwiebeln.

Er hat die für die ganze Gattung typischen, verschiebbaren Lamellen. Sie lassen sich, ähnlich wie der Schwamm bei Röhrlingen, wie auf einer Seifenschicht verschieben, ohne dass abgebrochene Lamellenreste zurückbleiben. Typisch ist der parfümiert würzige Geruch nach Veilchen, der sich bei der Zubereitung verflüchtigt. Der Hut hat keine Grautöne. Er wächst in Laub- und Mischwäldern, ist jedoch seltener als die Nebelkappe.

Essbar September bis November

Veilchen-Rötelritterling *Lepista irina*

Er hat im jungen Zustand bereits gelbliche Lamellen, die später eine lachsrosa Färbung annehmen. Sie sind auch nicht wie bei der Nebelkappe auf dem Hutfleisch verschiebbar. Im Zweifelsfall hilft ein Sporenabdruck, denn das Sporenpulver ist rosabräunlich. Das helle Fleisch riecht unangenehm. Der Riesen-Rötling ist zum Glück ein recht seltener Pilz, der vor allem in Laubwäldern auf Kalkböden gedeiht.

Giftig Juli bis Oktober

Riesen-Rötling *Entoloma sinuatum*

Er kann im Spätherbst auch ein Massenpilz sein, ist jedoch kleiner als die Nebelkappe. Die Lamellen stehen entfernter, sind nicht verschiebbar. Das Sporenpulver ist auch weiß. Geschmack und Geruch sind unauffällig. Er wächst meist in Lebensgemeinschaft mit Kiefern in Nadel- und Mischwäldern auf Sand- und Kalkböden. Erdritterlinge zu sammeln ist etwas für Fortgeschrittene, weil er dem stark giftigen Tiger-Ritterling sehr ähnlich ist!

Essbar September bis November

Erdritterling *Tricholoma terreum*

Violetter Rötelritterling

September bis November

Lepista nuda

TIPP DER PILZBERATERIN Dieser beliebte Speisepilz fällt bereits durch seine farbenfrohe Gestalt auf. Besonders im Spätherbst wächst er oft in großen Hexenringen, und eine Fundstelle reicht meist schon für eine ganze Mahlzeit. Mir gefallen auch die violetten Farbtupfen, die er in Mischpilzgerichte zaubert.

STANDORT Sie finden ihn in nicht zu sauren Laub- und Nadelwäldern sowie in Parkanlagen, gelegentlich erscheint er auch schon im Frühjahr.

AUSSEHEN Typisch ist der violett bis violett-bräunliche Hut mit der glatten und kahlen Oberfläche. Bei Trockenheit verblasst er stark (so wie auf dem Foto). Die Lamellen sind, wie für die Gattung typisch, nicht fest mit dem Hutfleisch verwachsen. Sie sind ausgebuchtet bis aufsteigend am ringlosen Stiel angewachsen. Der Pilz hat einen angenehm würzigen Geruch ist. Hut ca. 4–12 cm und Stiel ca. 8×2 cm.

SPEISEWERT Es ist ein vielseitig verwendbarer Speisepilz. Das violette Fleisch behält diese Farbe auch nach dem Erhitzen. Im Gegensatz zur Nebelkappe kann er ohne Blanchieren zubereitet werden, und es sind keine Unverträglichkeiten bekannt. Auch süß-sauer eingelegt oder wie Rotkohl zubereitet soll er sehr lecker sein. Sein Verzehr soll sehr gesund sein und ihm werden blutdrucksenkende Eigenschaften zugesprochen.

Im alpinen Raum ist dieser Rötelritterling häufiger als der Violette Rötelritterling und kann diesem recht ähnlich sein. Er ist hellviolett gefärbt und wächst vor allem auf Kalkböden. Allerdings ist er geschmacklich minderwertiger und sagt nicht jedermann zu. Sie sollten trotzdem probieren, ob er Ihnen gefällt.

Essbar September bis November

Blasser Rötelritterling *Lepista glaucocana*

Unter den violett gefärbten Schleierlingen gibt es einige Giftpilze. Schleierlinge haben braunes Sporenpulver, angewachsene Lamellen und einen spinnwebartigen Schleier, der bei jungen Pilzen besonders gut sichtbar ist. Der Violette Schleierling hat die intensivste violette Farbe, sein Hut ist trocken und filzig. Andere mehr oder weniger violette Schleierlinge haben hingegen meist glatte und oft schmierige Hüte.

Essbar August bis Oktober

Violetter Schleierling *Cortinarius violaceus*

Dieser Pilz ist normalerweise viel zierlicher als die Rötelritterlinge, besonders prächtige Exemplare können jedoch mit ihnen verwechselt werden. Ein sicheres Unterscheidungsmerkmal sind die verschiebbaren Lamellen der Rötelritterlinge. Dieser Giftpilz hat zudem einen Geruch nach Rettich (Name!) und einen viel zerbrechlicheren Stiel und Hut.

Giftig Juli bis Oktober

Rettich-Helmling *Mycena pura*

Mönchskopf *Clitocybe geotropa* September bis November

TIPP DER PILZBERATERIN Typische Mönchsköpfe sind durch ihr fast majestätisches Aussehen nahezu unverwechselbar. Da sie zudem sehr lecker schmecken und oft mit zahlreichen Exemplaren an einem Standort wachsen, sind es begehrte Speisepilze. Ungeübteren Sammlern empfiehlt es sich, schmächtige und untypische Exemplare zu meiden.

STANDORT Als Folgezersetzer wächst er in Laub- und Nadelwäldern auf Kalkböden, oft in großen Hexenringen.

AUSSEHEN Er wird in manchen Regionen auch als Falber Riesentrichterling bezeichnet, was er seiner stattlichen Hutgröße von 10–25 cm zu verdanken hat. Der Hutrand ist lange eingerollt und in der Mitte des beige bis ockerrötlichen Hutes hat er einen deutlichen Buckel, den er auch behält, wenn sich der Hut im Alter trichterförmig nach oben vertieft. Die meist am Stiel herablaufenden Lamellen sind scharf abgesetzt. Der Stiel erscheint im Verhältnis zur Hutgröße recht lang, zur Basis hin kann er etwas breiter werden. Er ist längsfaserig-rissig und wird im Alter innen watteartig hohl, an der Basis trägt er meist einen filzigen Flaum aus Myzelsträngen. Der Geruch ist mandelartig angenehm. Hut ca. 10–25 cm und Stiel ca. 15×2 cm.

SPEISEWERT Das Fleisch hat ein würziges Aroma, wodurch der Pilz beliebig zubereitet sehr lecker ist. Ältere Exemplare können jedoch zäh und ungenießbar werden, sodass Sie sich auf das Sammeln der jungen Pilze beschränken sollten.

Der Stiel dieses Giftpilzes ist an der Basis keulenförmig verdickt. Der nur bis ca. 8 cm breite Hut ist graubräunlich und hat keinen Buckel in der Mitte. Die Lamellen sind cremefarben und weit herablaufend. Er wächst ebenso wie der Mönchskopf in der Streu von Laub- und Nadelwäldern, ist jedoch nicht an kalkhaltige Böden gebunden. Er verursacht vor allem in Verbindung mit Alkoholgenuss Beschwerden.

Giftig Juli bis November

Keulenfuß-Trichterling *Clitocybe clavipes*

Mit einer Hutgröße um 5 cm und einer Höhe bis maximal ca. 10 cm ist dieser Trichterling viel schmächtiger als der Mönchskopf. Er ist zwar essbar, kann aber leicht mit anderen giftigen Trichterlingen verwechselt werden. Typisch sind der kleine Buckel in der Mitte des Hutes und der unverdickte Stiel, der heller ist als der Hut. Er ist in Laub- und Nadelwäldern häufig und fehlt nur auf sehr sauren und nährstoffarmen Standorten.

Essbar Juni bis Oktober

Ockerbrauner Trichterling *Clitocybe gibba*

Der Riesen-Rötling hat im jungen Zustand bereits gelbliche Lamellen, die später eine lachsrosa Färbung annehmen. Außerdem ist der ganze Pilz kleiner als der Mönchskopf und hat eine hellere Farbe. Im Zweifelsfall hilft ein Sporenabdruck, denn das Sporenpulver ist rosabräunlich. Der Riesen-Rötling ist zum Glück ein recht seltener Pilz, der vor allem in Laubwäldern auf Kalkböden gedeiht. Er ist stark giftig für den Magen-Darm-Trakt.

Giftig Juli bis Oktober

Riesen-Rötling *Entoloma sinuatum*

Büschel-Rasling

April bis Mai und September bis November

Lyophyllum decastes

TIPP DER PILZBERATERIN Durch den büscheligen Wuchs ist dieser Pilz leicht zu erkennen. Bei einzeln wachsenden Exemplaren ist es oft nicht einfach, kleine braune Pilze richtig zu bestimmen, denn einige von den über 4000 Lamellenpilzen in Mitteleuropa sind recht ähnlich. Daher ist es gerade für Anfänger ratsam, nur tatsächlich büschelig wachsende Raslinge zu sammeln.

STANDORT Den Büschel-Rasling können Sie als Folgezersetzer auf vielen Standorten finden: an Wegrändern, im Grasland, auf dem Erdboden sowie in Laub- und Mischwäldern. Er hat keine besonderen Bodenansprüche und ist recht häufig. Zuweilen hat er auch schon im Frühjahr einen ersten Wachstumsschub.

AUSSEHEN Er wird auch »Brauner Rasling« genannt und beide Namen beschreiben sehr gut seine Eigenschaften. Der Hut ist braun, wird bis ca. 15 cm breit und hat eine kahle Haut. Meist wachsen viele Exemplare zu einem Büschel vereinigt zusammen. Die büschelig verwachsenen, ringlosen Stiele sind schmutzig weißlich. Das feste Fleisch ist elastisch, im Stiel fast knorpelig und biegsam. Hut meist 4–10 cm und Stiel ca. 7 × 1 cm.

SPEISEWERT Der Büschel-Rasling hat recht festes Fleisch ohne sehr viel Eigengeschmack. Daher ist er als Mischpilz sehr gut geeignet und kann vielfältig zubereitet werden. Da an einem Standort viele Pilze auf einmal zu finden sind, ist es auch ein recht ergiebiger Speisepilz.

Der Weiße Rasling wächst an ähnlichen Standorten und ist von der Gestalt her sehr ähnlich, allerdings rein weiß und somit auch kein echter Doppelgänger. Seine Giftstoffe wirken mutagen, d. h. sind genschädigend.

Giftig August bis Oktober

Weißer Rasling *Lyophyllum connatum*

Weichritterlinge wachsen auf ähnlichen Standorten. Sie haben ebenfalls braune Hüte und weiße, eng stehende, angewachsene Lamellen und einen ringlosen Stiel. Ohne mikroskopische Merkmale sind die Arten dieser Gattung kaum auseinanderzuhalten, grundsätzlich sind alle essbar, ihr Geschmack ist jedoch nicht sehr angenehm und das Fleisch recht weich. Der Gewöhnliche Weichritterling ist einer der häufigsten dieser Gattung.

Essbar Juli bis November

Gewöhnl. Weichritterling *Melanoleuca melaleuca*

Er hat einen horngrauen bis dunkelrotbraunen Hut, wächst jedoch niemals büschelig. Seinen Namen verdankt er der wie eingefettet wirkenden Huthaut. Einige Autoren trennen hellere Farbvarianten als Horngraue Rüblinge ab. Da sie jedoch stark hygrophan sind, verändern sie sich von feucht dunkelbraun bis zu trocken beigefarben. Typisch ist der knorpelig berindete, innen watteartig hohle und zur Basis hin verdickte Stiel.

Essbar August bis November

Butter-Rübling *Rhodocollybia butyracea*

Nelken-Schwindling

Mai bis November

Marasmius oreades

TIPP DER PILZBERATERIN Sein wissenschaftlicher Name »oreades« erinnert an die Oreaden, das sind Bergnymphen, die man sich vermutlich in einem Kreis – ähnlich einem Hexenring – tanzend vorgestellt hat. Dieser kleine Pilz ist für den Sammler nur attraktiv, da er recht häufig ist und meist in Hexenringen wächst und daher gleich mehrere Fruchtkörper nebeneinander zu finden sind. Oft reicht die Menge für ein leckeres Pilzpfännchen oder eine würzige Pilzsuppe, auch Nelken-Schwindlinge mit Rührei sind eine Delikatesse.

STANDORT Sie finden den Nelken-Schwindling meist in Hexenringen auf mageren Grasflächen und an Wegrändern.

AUSSEHEN Sein Geruch und Geschmack ist angenehm würzig, man könnte ihn als leicht holzartig bezeichnen. Die lederfarbenen Hüte haben einen fein gekerbten Rand und sind hygrophan, d.h., ihre Farbe schwankt je nach Feuchtigkeitsgehalt zwischen hellcremefarben im trockenen Zustand und braunbeige bei mehr Feuchtigkeit. Die Lamellen sind dicklich und entfernt stehend. Der Stiel ist sehr zäh und biegsam, in Frankreich wird der Nelken-Schwindling daher auch übersetzt »Hartfuß« genannt. Hut ca. 3–4 cm und Stiel ca. 4×0,5 cm.

SPEISEWERT Sie sind besonders gut als Würz- und Suppenpilze geeignet, bereichern aber auch jedes Mischpilzgericht. Die zähen Stiele sollten vor der Zubereitung entfernt werden. Da getrocknete Hüte nach dem Wässern wieder die ursprüngliche Gestalt annehmen, sind es ausgezeichnete Trockenpilze.

Verwechslungsgefahr besteht mit diesem Waldpilz vor allem, wenn man ihn sammelt, ohne auf den Standort zu achten. Sie können ihn an den gelberen Lamellen und auf jeden Fall am brennend scharfen Geschmack erkennen, wenn Sie probeweise ein kleines Stück vom Pilzfleisch kauen. Der Stiel ist besonders im unteren Teil striegelig, d. h. filzig bis zottig behaart. Er wächst als Folgezersetzer meist in Buchenlaub.

Ungenießbar   Juni bis Oktober

Brennender Rübling *Gymnopus peronatus*

Er hat einen helleren, firnisartig bereiften Hut, süßsäuerlichen Geruch und enger stehende, am Stiel herablaufende Lamellen. Als Wiesenpilz besteht auch Verwechslungsgefahr mit anderen, kleinen, weiß-beigefarbenen Trichterlingen sowie mit Schirmlingen und Risspilzen. Schirmlinge haben beringte Stiele und freie Lamellen und Risspilze erdfarbenes Sporenpulver. Sie haben alle nicht so einen zähen Stiel, sondern sind faserig brüchig.

Giftig   September bis Oktober

Bleiweißer Trichterling *Clitocybe phyllophila*

Er wächst auf totem und oft im Boden vergrabenem Laubholz, wodurch er scheinbar auf Rasen wächst. Er wird auch »Lilablättriger Saumpilz« genannt, da die jung weißlichen und später dunklen Lamellen einen violetten Reflex haben. Der hygrophane Hut ändert je nach Feuchtigkeit seine Farbe von cremefarben bis ockerbraun und ist am Rand mit weißen Schleierresten behangen. Der Stiel ist ringlos, weißlich und brüchig.

Essbar   Mai bis Oktober

Behangener Faserling *Psathyrella candolleana*

Austernseitling *Pleurotus ostreatus* Oktober bis Mai

TIPP DER PILZBERATERIN Es gibt viele Möglichkeiten, in den Genuss dieses ausgezeichneten Speisepilzes zu kommen. Sie können den Pilz in der Natur sammeln, selbst als Kulturpilz züchten oder im Markt kaufen. Für den Sammler ist er ein idealer Winterpilz, der auch dann noch ergiebige Pilzmahlzeiten liefert, wenn sonst kaum noch etwas im Wald zu finden ist. Die Zuchtpilze sind jedoch meist aus wärmeren Regionen stammende Varietäten, die nicht wie die wild wachsende Art Nachtfröste für die Fruchtkörperbildung brauchen.

STANDORT Sie finden ihn an lebenden oder toten Laubhölzern, besonders häufig ist er an dicken, liegenden Buchenstämmen.

AUSSEHEN Seinen Namen verdankt er seiner an Austernbänke erinnernden Wuchsform. Meist wachsen viele seitlich gestielte Fruchtkörper büschelig beieinander. Die Hutfarbe ist sehr variabel und reicht von graubräunlich über cremebraun bis zu stahlblau und kann auch eine Mischung aus diesen Farbtönen sein. Die Lamellen sind weißlich und laufen am kurzen Stiel herab. Hut ca. 5–20 cm und Stiel ca. 2×2 cm.

SPEISEWERT Wegen des zarten Fleisches wird er auch »Kalbfleischpilz« genannt, im Alter wird das Fleisch allerdings zäh. Dieser Pilz ist nicht nur geschmacklich ausgezeichnet, sondern auch sehr gesund. In der Traditionellen Chinesischen Medizin wird er vor allem zur Stärkung der Venen und Sehnen eingesetzt, darüber hinaus schätzt man ihn wegen seiner antibiotischen und den Cholesterinspiegel regulierenden Eigenschaften.

Bis auf den kurzen und gelb gefärbten Stiel ist der Gelbstielige Muschelseitling dem Austernseitling am ähnlichsten und wächst ebenfalls auf Laubhölzern. Meist ist sein Hut jedoch stärker olivbräunlich gefärbt. Er wird als essbar bezeichnet, ist aber kaum schmackhaft.

Essbar September bis Dezember

Gelbstieliger Muschelseitling *Panellus serotinus*

Es gibt einige Gattungen mit seitlichen Hüten, die oft schwer zu unterscheiden sind. Unter ihnen sind jedoch keine ausgesprochenen Giftpilze. Umstritten ist der Ohrförmige Seitling *(Phyllotus porrigens)*, weil er in Japan bei Personen mit Nierenproblemen Todesfälle verursacht hat. Meiden Sie vorsichtshalber weiße Fruchtkörper. Recht hell ist auch diese Art, die aber jung von einer häutigen Gesamthülle umgeben ist.

Ungenießbar August bis November

Berindeter Seitling *Pleurotus dryinus*

Der Laubholz-Knäueling wächst, wie sein Name vermuten lässt, ebenfalls auf Laubhölzern. Er unterscheidet sich vor allem durch die Konsistenz des Fleisches. Die Fruchtkörper sind ungenießbar zähfleischig und im Alter oft bitter.

Ungenießbar Juni bis November

Laubholz-Knäueling *Panus conchatus*

Wiesen-Champignon

Juni bis Oktober

Agaricus campestris

TIPP DER PILZBERATERIN Er ist ein beliebter Speisepilz, der viel gesammelt wird. Allerdings darf dies nicht darüber hinwegtäuschen, dass die Verwechselung mit dem tödlich giftigen Knollenblätterpilz die häufigste Ursache für tödliche Pilzvergiftung ist! Vielen ist auch nicht bekannt, dass es unter den über 50 Champignon-Arten ebenfalls unverträgliche gibt.

STANDORT Er gedeiht als Folgezersetzer auf mäßig nährstoffreichen Wiesen. Viele Sammler meinen, durch das Vorkommen auf Wiesen grundsätzlich Knollenblätterpilze ausschließen zu können, da diese nur in Lebensgemeinschaft mit Bäumen gedeihen. Dabei wird jedoch übersehen, dass z.B. eine einzelne Eiche am Wiesenrand Knollenblätterpilzen das Wachstum bis zu vielen Metern in die Wiese hinein ermöglicht. Da mäßig nährstoffreiche Wiesen durch intensive Bewirtschaftung rar geworden sind, sind mit ihnen auch die Wiesen-Champignons seltener.

AUSSEHEN Der weiße Hut trägt unterseits jung rosafarbene und reif schwarzbraune Lamellen. Das Fleisch rötet schwach, der Geruch ist angenehm champignonartig und die Lamellen sind frei, d.h. nicht am Stiel (der sich leicht vom Hut lösen lässt) angewachsen. Es gibt keine Knolle und auch keine Gesamthülle (s.S. 13). Hut ca. 5–10 cm und Stiel ca. 5 × 1 cm.

SPEISEWERT Er ist schmackhafter als die Zuchtformen und ein sehr guter Speisepilz. Es gehört zu den wenigen Arten, die in Mahlzeitmenge roh verzehrt werden können. Er wird auch in der Pilzheilkunde geschätzt.

Er unterscheidet sich von Champignons vor allem durch die dicke Knolle, die weißen Lamellen und die Gesamthülle (s. S. 13), die meist in groben Flocken auf dem Hut zurückbleibt. Die Farbe kann auch rein weiß sein. Erkennen können Sie ihn sehr gut am Geruch, der an Kartoffelkeime erinnert. Er wächst in Lebensgemeinschaft mit verschiedenen Laub- und Nadelbäumen.

Giftig August bis November

Gelber Knollenblätterpilz *Amanita citrina*

Der Grüne Knollenblätterpilz kann auch rein weiß aussehen, er ist die Ursache für die meisten tödlichen Vergiftungen. An den weißen Lamellen, der Knolle und der Gesamthülle sowie dem süßlich unangenehmen Geruch ist er zu erkennen. Er wächst in Lebensgemeinschaft mit Laubbäumen, meist Eichen. Dem Champignon fehlen eine Knolle und die Gesamthülle, die hier als »Socken« am Fuß zurückbleiben.

Tödlich giftig Juli bis Oktober

Grüner Knollenblätterpilz *Amanita phalloides*

Der Karbol-Champignon hat einen unangenehm karbolartigen Geruch (nach Tinte oder Desinfektionsmittel), der beim Erhitzen noch stärker wird. Beim Ankratzen der Knolle ist die chromgelbe Verfärbung am besten zu erkennen. Er verursacht Verdauungsstörungen und Magen-Darm-Probleme.

Giftig Mai bis Oktober

Gew. Karbol-Champignon *Agaricus xanthoderma*

Wald-Champignon

Agaricus silvaticus Juli bis Oktober

TIPP DER PILZBERATERIN Der Wald-Champignon ist ein ebenso leckerer Speisepilz wie der Wiesen-Champignon. Durch die braunen Hutfarben und das rötende Fleisch besteht auch keine Verwechslungsgefahr mit Knollenblätterpilzen. Der Wald-Champignon ist der häufigste der rötenden Vertreter in dieser Gattung und Sie können ihn höchstens mit anderen, ebenfalls rötenden Champignons verwechseln. Unter diesen gibt es – im Gegensatz zu den gilbenden Arten – keine gefährlichen Doppelgänger.

STANDORT Der Wald-Champignon gedeiht als Folgezersetzer in Laub- und Nadelwäldern. Er wächst häufig unter Fichten und Buchen und hat keine besonderen Bodenansprüche.

AUSSEHEN Er wird auch als »Blut-Egerling« bezeichnet, was sehr gut das rötende Fleisch beschreibt. Typisch sind weiterhin der bräunliche, mehr oder weniger schuppige Hut und die jung rosafarbenen und alt schwarzbraunen Lamellen. Sie sind frei, d.h. nicht am Stiel (der sich leicht vom Hut lösen lässt) angewachsen. Die Teilhülle bleibt nach dem Aufschirmen als hängender Ring am Stiel zurück, eine Gesamthülle fehlt (s. S. 13). Der Stiel ist blasser als der Hut und hat keine Knolle. Der Geruch ist unauffällig angenehm. Hut ca. 4–8 cm und Stiel ca. 10 × 1,5 cm.

SPEISEWERT Der Wald-Champignon eignet sich für jede Art der Zubereitung und ist ebenso im Einzelgericht wie in der Mischpilzpfanne willkommen. Allerdings ist er nicht ganz so ergiebig wie der Wiesen-Champignon, da das Hutfleisch dünner ist.

Auch unter den mehr oder weniger braunhütigen Champignons gibt es Arten wie z. B. den Perlhuhn-Champignon, die giftig für den Magen-Darm-Trakt sind. Sie können diese an ihrem unangenehm karbolartigen Geruch (nach Tinte oder Desinfektionsmittel) erkennen, der beim Erhitzen noch stärker wird. Außerdem färbt sich das Fleisch – besonders in der Knolle – beim Anschneiden und Ankratzen chromgelb.

Giftig Juli bis Oktober

Perlhuhn-Champignon *Agaricus moelleri*

Besonders junge Pilze mit noch recht braunem und mehr oder weniger glattem Hut können durch das rötende Fleisch recht ähnlich sein. Die weißen Lamellen des Safran-Riesenschirmlings (s. S. 72) sind ein gutes Unterscheidungsmerkmal. Er kommt vor allem im Nadel- und Mischwald vor und bildet dort häufig Hexenringe. Eine Verwechslung ist nicht schlimm, da beides gute Speisepilze sind.

Essbar August bis November

Safran-Riesenschirmling *Macrolepiota rachodes*

Braune Hüte haben auch mehrere Risspilze wie z. B. der Ziegelrote (s. S. 49) und der Kegelige Risspilz. Ihren Namen verdanken sie der beim Aufschirmen radial einreißenden Hutoberfläche. Die Lamellen sind angewachsen, der Stiel ringlos und das Sporenpulver braun (heller als das schwarzbraune der Champignons). Sie wachsen im Laub- und Nadelwald sowie auf Wiesen.

Giftig Juni bis Oktober

Kegeliger Risspilz *Inocybe rimosa*

Parasol *Macrolepiota procera*

Juli bis November

TIPP DER PILZBERATERIN Parasolpilze zählen zu den größten Speisepilzen unserer Heimat und gehören zu den Riesenschirmlingen. Durch ihre Größe und den verschiebbaren Ring sind sie eindeutig zu erkennen. Das macht sie auch für Anfänger zu beliebten Lamellenpilzen.

STANDORT Oft können Sie diesen prächtigen Pilz schon vom Auto aus sehen. Er gedeiht an Waldrändern, auf Lichtungen und auf Wiesen. Wenn Sie Glück haben, wächst an einem Standort ein ganzer Hexenring dieser wunderschönen und leckeren Pilze.

AUSSEHEN Die jungen Fruchtkörper haben die Form eines Paukenschlägels und die Huthaut ist dann noch relativ glatt. Mit dem Aufschirmen reißt sie ein und hinterlässt die typischen, braunen Schuppen auf dem hellen Hutfleisch. In der Mitte bleibt ein brauner Buckel stehen. Der Stiel ist genattert und trägt den für die gesamte Gattung typischen verschiebbaren Ring, d.h., der Ring ist nicht fest am Stiel angewachsen. Bei dieser Art befindet sich in der Mitte eine bräunliche Rille, die den Ring doppelt erscheinen lässt. Die Basis ist knollig verdickt. Der Geruch ist aromatisch und der Geschmack angenehm nussartig. Das Fleisch rötet nicht. Hut ca. 10–30 cm und Stiel ca. 20×2 cm.

SPEISEWERT Die Hüte sind paniert und gebraten eine Delikatesse. Allerdings sollten Sie diese ausreichend garen und nicht zu fettig zubereiten, da es sonst auch zu Unverträglichkeiten führen kann. Die zähen Stiele können Sie trocknen und zu Würzpulver mahlen. Der nussartig schmeckende Ring ist auch roh lecker.

Dieser Speisepilz gehört in die gleiche Gattung wie der Parasolpilz und hat auch den für die gesamte Gattung typischen verschiebbaren Ring. Er unterscheidet sich vom Parasolpilz vor allem durch das rötende Fleisch, den ungenatterten Stiel und die meist kleineren Fruchtkörper. Er kommt vor allem im Nadel- und Mischwald vor und bildet dort häufig Hexenringe (s. S. 15).

Essbar August bis November

Safran-Riesenschirmling *Macrolepiota rachodes*

Es gibt einige giftige »kleine« Schirmlinge, die in eine andere Gattung (Lepiota) gehören und keinen verschiebbaren Ring besitzen. Dies ist einer der größten von ihnen. Ein sicheres Merkmal ist der stets angewachsene, niemals verschiebbare Ring, der watteartig ist. Der Geruch ist eher säuerlich. Der Spitzschuppige Schirmling wächst in Laubwäldern und Parkanlagen.

Giftig August bis Oktober

Spitzschuppiger Schirmling *Lepiota aspera*

Diesen als giftig geltenden, umstrittenen und erstmals in Frankreich beschrieben Pilz soll jemand bei einem internationalen Pilztreffen schon als Gegenbeweis kurzerhand verspeist haben. Bisher ist nicht ganz geklärt, ob es individuelle Unverträglichkeiten sind und wie der Pilz abzugrenzen ist. Durch sein rötendes Fleisch und den unangenehmen Geruch kann er gut vom Parasol unterschieden werden. Sein Vorkommen ist auf Gartenerde und Kompost beschränkt.

Giftig August bis Oktober

Gift-Riesenschirmling *Macrolepiota venenata*

Safran-Riesenschirmling

August bis November

Macrolepiota rachodes

TIPP DER PILZBERATERIN Seinen Namen verdankt er der Eigenschaft des Fleisches, bei Druck und im Anschnitt safranfarben anzulaufen. Er gehört wie der Parasol zur Gattung Riesenschirmling. Beide Arten können Sie leicht erkennen, wenn Sie auf den verschiebbaren Ring achten. Wenn Sie auf natürlichen Standorten sammeln, gibt es keine gefährlichen Doppelgänger, auch wenn es noch mehr Arten von Riesenschirmlingen in dieser Gattung gibt. Sie sind alle essbar.

STANDORT Safran-Riesenschirmlinge finden Sie als Folgezersetzer in vielen Nadel- und Mischwäldern. Er hat keine besonderen Bodenansprüche und bildet häufig Hexenringe.

AUSSEHEN Typisch ist neben dem rötenden Fleisch der verschiebbare Ring. Da er nicht fest mit dem Stiel verwachsen ist, können Sie ihn vom Stiel lösen (oder verschieben), ohne Stiel oder Ring zu zerstören. Der Stiel ist ungenattert und zur Basis hin knollig verdickt. Die Farbe der Hutschuppen ist recht variabel und reicht von cremebraun bis zu dunkelbraun. Hut ca. 8–15 cm und Stiel ca. 10 × 1,5 cm.

SPEISEWERT Der Safran-Riesenschirmling ist ein ausgezeichneter Speisepilz. Er kommt geschmacklich nicht ganz an den Parasolpilz heran, ist aber ebenso wie dieser paniert ausgebraten eine Delikatesse. Die Stiele sind sehr zäh und können getrocknet und gemahlen werden. Das Pilzpulver ist eine wunderbare Beigabe zu Suppen und Saucen.

Spitzschuppiger Schirmling *Lepiota aspera*

In der Gattung Schirmling gibt es einige Giftpilze. Sie sind zierlicher, doch der größte dieser kleinen Schirmlinge kann durchaus einmal so groß sein wie der kleinste der Riesenschirmlinge. Ein sicheres Merkmal ist der stets angewachsene, niemals verschiebbare Ring. Diese Art ist einer der größten und recht häufigen Vertreter. Der Geruch ist eher säuerlich. Er wächst in Laubwäldern und Parkanlagen.

Giftig   August bis Oktober

Parasol *Macrolepiota procera*

Der Parasolpilz unterscheidet sich durch das nichtrötende Fleisch, den genatterten Stiel und die stattliche Größe. Da sein Geruch und Geschmack eher noch angenehmer nussartig sind, ist eine Verwechslung eher zum kulinarischen Vorteil. Beide Arten haben den für die Gattung typischen verschiebbaren Ring am Stiel.

Essbar   Juli bis November

Gift-Riesenschirmling *Macrolepiota venenata*

Das Vorkommen und die Giftwirkung dieses Pilzes sind umstritten. Dieses Foto stammt aus Frankreich, wo der Pilz auch erstmals beschrieben wurde (vgl. S. 71). Er hat einen unangenehmen Geruch und sein Fleisch läuft eher weinrot als safranfarben an. In Deutschland ist sein Vorkommen auf Gartenerde und Kompost beschränkt, sodass Sie Riesenschirmlinge auf natürlichen Standorten gefahrlos sammeln können.

Giftig   August bis Oktober

Schopf-Tintling

Coprinus comatus

Mai bis November

TIPP DER PILZBERATERIN Es ist einer der wenigen unverwechselbaren Lamellenpilze, bei denen das Vergleichen mit Fotos für eine Bestimmung ausreicht. Er ist nicht nur sehr lecker, sondern auch sehr häufig und gesund. Und selbst wenn Sie einmal zu spät kommen und die Fruchtkörper schon in der Auflösung begriffen sind, können Sie daraus noch Tinte gewinnen: einfach die Pilze in ein Glas stellen und zerfließen lassen. Am zünftigsten ist es, mit einer angespitzten Vogelfeder zu schreiben.

STANDORT Er ist recht häufig und wächst auf nährstoffreichen Standorten wie Wiesen, Parkanlagen und Wegrändern.

AUSSEHEN Der Hut ist walzenförmig und mit weißen, abstehenden Schuppen besetzt. Die Lamellen sind frei, d. h., der Stiel lässt sich leicht aus dem Hutfleisch lösen. Die jung weißen Lamellen färben sich erst rosa und zerfließen zur Reifezeit zu schwarzer Tinte. Hut kann je nach Klima und Boden stark variieren, ca. 2–5 × 5–15 cm, Stiel ca. 10 × 1,5 cm.

SPEISEWERT Er wird auch Spargelpilz genannt und ist eine besondere Delikatesse. Ein Nachteil ist, dass er sehr leicht verdirbt und sich nicht trocknen lässt. Sie müssen ihn auf jeden Fall am selben Tag, an dem Sie ihn gesammelt haben, zubereiten oder zumindest blanchieren. Kühl gelagert, hält er sich einen weiteren Tag. Sie können ihn auch einkochen oder besser sogar einfrieren. Sammeln Sie auch nur frische Pilze mit weißem Fleisch und Lamellen. Der Schopf-Tintling ist sehr gesund und wird nicht nur in der fernöstlichen Heilkunde geschätzt.

Da die Lamellen jung bereits grau sind, kann man kaum von einem Doppelgänger sprechen Der Hut ist ebenfalls grau bis graubraun und wirkt eingefaltet, daher sein Name. Ein weiterer Name von ihm, Knoten-Tintling, bezieht sich auf die knotenartige Verdickung im unteren Teil des ringlosen Stiels. Er wächst meist büschelig in Laub- und Mischwäldern und auf vergrabenem Holz. Sein Genuss ist in Verbindung mit Alkohol giftig.

Giftig   Mai bis November

Falten-Tintling *Coprinus atramentarius*

Sehr junge Pilze, deren schwarzbraune Huthaut unter einer weißen Gesamthülle verborgen ist, können wie Schopf-Tintlinge aussehen. Nach dem Wachsen reißt die Hülle auf und der Pilz gleicht einem Vogelgefieder, deshalb wird er auch Specht- oder Elster-Tintling genannt. Er wächst im Laubwald auf Kalkböden. Der Speisewert ist unbekannt – vermutlich weil die schon jung schwarzen Fruchtkörper wenig zum Verzehr einladen.

Ungenießbar   August bis Oktober

Specht-Tintling *Coprinus picaceus*

Sehr junge Safran-Riesenschirmlinge (s. S. 72) können ähnlich aussehen. Sie haben jedoch auf Druck und bei Verletzung rötendes Fleisch und ihre weißen Lamellen färben sich nicht wie beim Schopf-Tintling rosa, um dann zu schwarzer Tinte zu zerfließen. Er ist ebenfalls essbar.

Essbar   August bis November

Safran-Riesenschirmling *Macrolepiota rachodes*

Perlpilz *Amanita rubescens* Juni bis Oktober

TIPP DER PILZBERATERIN Vor dem Sammeln von Perlpilzen sollten Sie sich unbedingt mit dem giftigen Pantherpilz vertraut machen. Die Unterscheidung ist einfach, wenn Sie sich bestimmte Merkmale einprägen!

STANDORT Bei der Wahl seiner mit ihm in Lebensgemeinschaft gedeihenden Baumpartner ist er nicht besonders wählerisch. Da er auch an den Boden keine besonderen Ansprüche stellt, ist er in vielen Laub- und Nadelwäldern zu finden.

AUSSEHEN Perlpilze gehören zu den Wulstlingen. Dies erkennen Sie daran, dass sich die Huthaut tortenstückartig vom Hutfleisch ziehen lässt, die Lamellen und das Sporenpulver weiß sind, der Stiel sich leicht aus dem Hut lösen lässt und eine Teil- sowie eine Gesamthülle vorhanden sind (s. S. 13). Innerhalb dieser Gruppe können Sie den Perlpilz meist auf den ersten Blick an seinem rötlichen Farbton erkennen. Besonders deutlich sichtbar ist dies an den Madengängen und verletzten Stellen. Der Ring ist auf der Oberseite gerieft, d.h. mit fein sichtbaren Linien versehen. Der Hutrand ist glatt. Die Knolle geht zur Basis des Stiels hin allmählich in diesen über, sie ist nicht scharf vom Stiel abgesetzt. Hut ca. 5–15 cm und Stiel ca. 8×2 cm.

SPEISEWERT Er ist ein leckerer Speisepilz. Allerdings besitzt er Giftstoffe, die erst bei Temperaturen über 60 °C unschädlich werden. Daher sollten Sie diesen Pilz immer ausreichend garen. Um ganz sicherzugehen, können Sie ihn vor dem Braten einige Minuten abkochen.

Der gefährlichste Doppelgänger ist der Pantherpilz. Er ist stark giftig und verrät sich nicht durch einen unangenehmen Geschmack wie andere Giftpilze. Er besitzt im Gegensatz zum Perlpilz kein rötendes Fleisch. Sein Ring ist glatt und der Hutrand gerieft. Außerdem ist die Knolle scharf vom Stiel abgesetzt, dies wird gerne mit »Bergsteigersöckchen« verglichen.

Giftig Juli bis Oktober

Pantherpilz *Amanita pantherina*

Graue Wulstlinge sind ebenfalls essbar. Sie scheiden als Speisepilze aber aus, da sie dem giftigen Pantherpilz noch ähnlicher sind als Perlpilze. Sie haben alle Merkmale des Perlpilzes, jedoch ohne dessen rötendes Fleisch.

Essbar Juli bis Oktober

Grauer Wulstling *Amanita excelsa*

Der Königs-Fliegenpilz wird auch als »Brauner Fliegenpilz« bezeichnet. Bis auf die braune Huthaut und das braune Hutfleisch darunter hat er alle Merkmale eines Fliegenpilzes. Er ist auch ähnlich giftig wie dieser.

Giftig Juli bis Oktober

Königs-Fliegenpilz *Amanita regalis*

Graublättr. Schwefelkopf

September bis Oktober

Hypholoma capnoides

TIPP DER PILZBERATERIN Da ein Fund bereits eine ganze Pilzpfanne füllen kann und er auch als Einzelgericht einen angenehmen Geschmack hat, lohnt es sich, ihn kennenzulernen. Er kann auch schon im Frühjahr Fruchtkörper bilden, fehlt im Sommer und ist im Herbst häufig.

STANDORT Den Graublättrigen Schwefelkopf finden Sie büschelig auf totem Nadelholz.

AUSSEHEN Er wird auch Rauchblättriger Schwefelkopf genannt. Beide Namen beziehen sich auf die Farbe der Lamellen, die grau und gänzlich ohne grüne Farbtöne sind. Der ockergelbliche Hut blasst zum Rand hin oft aus und ist, besonders bei jungen Pilzen, mit Resten der Gesamthülle behangen. Der ringlose Stiel ist etwas blasser gelb und zähfleischig. Der milde Geschmack ist ein gutes Unterscheidungsmerkmal zu seinen ungenießbar bitter schmeckenden Verwandten: dem Grünblättrigen und dem Ziegelroten Schwefelkopf. Hier hilft eine Geschmacksprobe zur Unterscheidung. Aber Achtung: Der tödlich giftige Gift-Häubling schmeckt auch mild, schließen Sie ihn vor jeder Geschmacksprobe sicher aus! Hut ca. 2–6 cm, Stiel ca. 5×0,5 cm.

SPEISEWERT Er ist ein guter Speisepilz, der auch alleine zubereitet eine leckere Pilzmahlzeit liefert. Die zähen Stiele sollten Sie vor der Zubereitung entfernen bzw. gleich im Wald nur die Hüte sammeln. Er ist nicht nur lecker, sondern auch gesund. Ihm werden blutzuckersenkende Wirkstoffe nachgesagt, und er ist zur Ernährung bei Diabetes gut geeignet.

Dieser ungenießbar bittere Pilz ist an den grünen Farbanteilen in den Lamellen gut zu unterscheiden. Der Stiel ist auch leuchtender gelb. Er wächst büschelig auf totem Laub- und Nadelholz und ist der häufigste der Schwefelköpfe. Um die beiden Arten zu unterscheiden, können Sie im Zweifelsfall eine Geschmacksprobe machen. Vorher muss der Gift-Häubling jedoch ganz sicher ausgeschlossen werden.

Ungenießbar   Mai bis November

Grünblättriger Schwefelkopf *Hypholoma fasciculare*

Dieser Schwefelkopf hat einen größeren Hut, der deutlich roter ist; seine Lamellen sind aber ebenfalls grau. Er wächst büschelig auf totem Laubholz. Da der Geschmack ungenießbar bitter ist, können Sie im Zweifelsfall ein kleines Stück vom Fleisch probieren, jedoch nur, wenn Sie sicher sind, dass es sich nicht um den Gift-Häubling handelt.

Ungenießbar   August bis November

Ziegelroter Schwefelkopf *Hypholoma sublateritium*

Er hat einen zerbrechlicheren, faserigen Stiel mit einem zarten Ring. Der ocker-bräunliche Hut ist hygrophan (s. S. 14). Das Sporenpulver ist im Gegensatz zu dem schwarzbraunen der Schwefelköpfe rotbraun. Er wächst auf totem Nadel- und Laubholz, meist jedoch weniger büschelig als Schwefelköpfe. Da der Geschmack mild ist, sollten Sie diese Art auf jeden Fall kennen, wenn Sie Holzpilze sammeln.

Tödlich giftig
September bis November

Gift-Häubling *Galerina marginata*

Stockschwämmchen

April bis November

Kuehneromyces mutabilis (Syn.: *Pholiota mutabilis*)

TIPP DER PILZBERATERIN Das Stockschwämmchen ist ein ausgezeichneter Speisepilz, er ist allerdings nur etwas für erfahrene Pilzsammler, da ihm der Gift-Häubling zum Verwechseln ähnlich sieht. Nur der Stiel liefert Unterscheidungsmerkmale. Wenn mir in die Pilzberatung nur Hüte ohne die dazugehörigen Stiele gebracht werden, kann auch ich diese ohne Mikroskop nicht sicher bestimmen.

STANDORT Das Stockschwämmchen wächst vorwiegend büschelig auf totem Laubholz, im Gebirge auch auf Nadelholz. Die Hauptvegetationszeit ist im Herbst, mit etwas Glück können Sie es bereits im Frühjahr finden.

AUSSEHEN »Mutabilis« heißt so viel wie »veränderlich« und bezieht sich darauf, dass dieser Pilz farblich sehr variabel ist. Diese Variabilität verdankt er vor allem seinem hygrophanen Hut, der je nach Feuchtigkeit meist in stark abgegrenzten Zonen heller und dunkler gelbbraun gefärbt ist. Die feinkörnige Gesamthülle geht beim Aufschirmen verloren und der Hut ist im Alter glatt. Der Geruch ist angenehm pilzartig. Der Stiel ist beringt und im unteren Teil schuppig und wirkt wie mit einem Reibeisen aufgeraut. Das Sporenpulver ist braun. Hut ca. 5–8 cm und Stiel ca. 5×0,5 cm.

SPEISEWERT Es ist ein sehr guter Speisepilz mit ganz ausgezeichnetem Geschmack. Die einzelnen Fruchtkörper sind zwar recht klein, aber da sie in Büscheln wachsen, kann eine Fundstelle bereits eine volle Pilzpfanne liefern. Sie sind für Suppen, Saucen und auch einzeln zubereitet ganz ausgezeichnet.

Dieser tödlich giftige Pilz unterscheidet sich durch den glatten, weiß-faserigen und ebenfalls beringten Stiel. Er kann auf totem Nadel- und Laubholz vorkommen und wächst meistens weniger büschelig. Die Wuchsform und Hutfarbe sind recht unterschiedlich und keine sicheren Unterscheidungsmerkmale. Der Geruch ist mehlartig bis unauffällig und nicht aromatisch.

Tödlich giftig
September bis November

Gift-Häubling *Galerina marginata*

Dieser ungenießbar bittere Pilz wächst ebenfalls büschelig auf totem Laub- und Nadelholz. Er hat keinen Ring am Stiel, dunkleres Sporenpulver und mehr gelbe Farbanteile in Hut und Stiel. Um die beiden Arten zu unterscheiden, können Sie im Zweifelsfall eine Geschmacksprobe machen, vorher muss der Gift-Häubling jedoch sicher ausgeschlossen werden.

Ungenießbar Mai bis November

Grünblättr. Schwefelkopf *Hypholoma fasciculare*

Die Hüte sind etwas gelber und meist nicht so deutlich zoniert, sie sind gelbbraun und haben oft wie rostig aussehende Flecken. Die Huthaut ist feucht klebrig und bis auf feine weiße Velumflocken (Reste einer zarten Gesamthülle, s. S. 13) meist kahl. Der gelbliche Stiel ist mehr oder weniger deutlich beringt und das Sporenpulver braun. Er wächst auf totem Laubholz, meist Erlen, daher sein Name.

Ungenießbar August bis Oktober

Erlen-Schüppling *Pholiota alnicola*

Wässriger Mürbling

September bis November

Psathyrella piluliformis

TIPP DER PILZBERATERIN Er wird auch »Weißstieliges Stockschwämmchen« genannt, mehr als den Standort und den Namen hat er mit dem Stockschwämmchen (s. S. 80) allerdings nicht gemeinsam. Er gehört in eine andere Familie und hat wässrigeres Fleisch. Da er zu vielen Fruchtkörpern büschelig wächst, ist ein Fund trotzdem recht ergiebig und bereichert jedes Mischpilzgericht. Außerdem hat er keine schwer kenntlichen, giftigen Doppelgänger und ist am ehesten mit ebenfalls essbaren büschelig auf Holz wachsenden Pilzen zu verwechseln.

STANDORT Meist wächst er in zahlreichen Büscheln auf Buchenstümpfen. Er kann aber auch auf anderen Laubhölzern vorkommen.

AUSSEHEN Der hygrophane Hut wechselt je nach Feuchtigkeitsgehalt seine Farbe, von trocken lederfarben oder beigebraun bis zu dunkelbraun, wenn die Hüte feucht sind. Der Hutrand ist meist mit weißen Velumresten (Velum = Gesamthülle, s. S. 13) behangen und am Rand fein gerieft. Der zerbrechliche, glatte Stiel ist weißlich und ohne Ring. Das ganze Pilzfleisch ist zerbrechlich, daher auch der Name Mürbling. Das Sporenpulver ist schwarzbraun. Hut ca. 2–5 cm und Stiel ca. 6×0,5 cm.

SPEISEWERT Das zerbrechliche Fleisch ist wässrig, doch da er oft in Büscheln wächst, kann er eine Pilzmahlzeit durchaus bereichern. Er hat einen unauffälligen, aber angenehmen Geschmack und ist für viele Zubereitungen geeignet. Er kann auch gut eingefroren werden, zum Trocknen eignet er sich weniger.

Er wird auch »Steifstieliger Mürbling« genannt und dies bezieht sich auf den verhältnismäßig langen Stiel. Der typisch kegelförmige Hut ist feucht durchscheinend gerieft und ohne Velumspuren, also ohne Reste einer Gesamthülle. Er wächst im Laubwald auf Ästen oder im Laub. Es ist kein Speisepilz.

Ungenießbar   August bis Oktober

Lederbrauner Faserling *Psathyrella conopilus*

Es gibt weitere essbare Vertreter aus dieser Gattung, wie den Schokoladenbraunen Faserling *(Psathyrella spadicea)* mit dunklerem Hut und den Behangenen Faserling mit hellerem, ebenfalls hygrophanem, cremefarbenem bis ockerbraunem Hut. Er wird auch »Lilablättriger Saumpilz« genannt, weil die jung weißlichen Lamellen später schwärzlichviolett werden. Er wächst auf totem und oft auf im Boden vergrabenem Laubholz.

Essbar   Mai bis Oktober

Behangener Faserling *Psathyrella candolleana*

Er unterscheidet sich durch den beringten Stiel, den mehr ocker- bis rotbraunen Hut und das braune Sporenpulver. Er kann auf totem Nadel- und Laubholz vorkommen und wächst meistens weniger büschelig. Die beiden sind nicht schwer zu unterscheiden, doch sollten Sie beim Sammeln von Holzpilzen diesen mild schmeckenden Giftpilz auf jeden Fall kennen.

Tödlich giftig
September bis November

Gift-Häubling *Galerina marginata*

Zigeuner *Rozites caperatus* August bis Oktober

TIPP DER PILZBERATERIN Die weiteren Namen dieses Speisepilzes beschreiben sehr gut seine Merkmale. »Reifpilz« bezieht sich auf den reifartigen Überzug des Hutes, der besonders bei jungen und frischen Pilzen zu sehen ist. In manchen Regionen wird er auch »Runzelschüppling« genannt, was den bei Trockenheit charakteristisch faltig gerunzelten Hut und oft auch gerippten Rand der Hüte beschreibt. Auch der wissenschaftliche Artname leitet sich vom lateinischen »cap(p)eratus = gerunzelt« ab. In Finnland hat er einen Namen bekommen, der übersetzt »Großmutters Nachthaube« bedeutet. Diesen Namen verstehen Sie, wenn Sie die jungen, eiförmig geschlossen Exemplare betrachten.

STANDORT Sie finden ihn in Nadelwäldern auf sauren Böden, häufig zwischen Heidekraut bei Kiefern. Leider ist er in vielen Regionen selten geworden und sollte dort, wo er nicht mehr häufig vorkommt, geschont werden.

AUSSEHEN Typisch sind der bereifte (und besonders bei Trockenheit runzelige) Hut, die gekerbten Lamellen und der deutlich ausgeprägte Ring. Die eng stehenden Lamellen mit der gekerbten Schneide sind breit angewachsen und der Stiel hat faseriges Fleisch. Hut ca. 5–10 cm und Stiel ca. 10×2 cm.

SPEISEWERT Es ist ein ausgezeichneter Speisepilz mit zartem Fleisch und angenehmem Aroma. Sie können ihn vielseitig verwenden und er eignet sich sehr gut zum Trocknen. Den faserigen Stiel sollten Sie entfernen, können ihn jedoch getrocknet zu Pilzpulver verarbeiten.

Der Ring des Zigeuners ist ein gutes Unterscheidungsmerkmal zu ähnlichen Schleierlingen wie diesem, die statt des Rings höchstens feine Schleierreste am Stiel besitzen. Typisch für diese Art sind die in allen Teilen (Lamellen, Hut, Schleier, Fleisch) gelbe Farbe und die schleimige Hutoberfläche mit der oft etwas bräunlicheren Mitte. Der Geruch ist unangenehm pfefferartig. Er wächst in Buchenwäldern auf Kalkböden.

Giftig August bis Oktober

Leuchtendgelber Klumpfuß *Cortinarius splendens*

Die Verwechslung mit diesem Giftpilz ist besonders gefährlich, weil die Beschwerden erst Tage nach der Mahlzeit auftreten, wenn die Nieren bereits irreparabel geschädigt sind. Typisch sind der leuchtend orangebraun gefärbte Hut mit der feinfilzigen Oberfläche und dem meist spitzen Buckel. Die Lamellen stehen etwas entfernt und sind breit angewachsen. Er wächst im Nadelwald auf sauren Böden.

Tödlich giftig August bis Oktober

Spitzgebuck. Raukopf *Cortinarius speciosissimus*

Dies ist einer der häufigsten und vielgestaltigsten Schleierlinge überhaupt. Er hat einen ockerbräunlichen Hut mit gelb- bis grünlichen Beitönen und schleimiger Huthaut. Die Lamellen sind wie bei vielen Schleierlingen bläulich-violett und später mehr rostfarben. Der Stiel ist blass bläulich bis lederfarben und der Schleier weißlichviolett. Er wächst meist in Lebensgemeinschaften mit Fichten im Nadelwald.

Essbar August bis Oktober

Reihiger Klumpfuß *Cortinarius glaucopus*

Mehl-Räsling *Clitopilus prunulus* Juli bis Oktober

TIPP DER PILZBERATERIN Er ist ein leckerer Speisepilz, der allerdings nur erfahrenen Sammlern empfohlen werden kann, da ihm einige Giftpilze sehr ähnlich sehen. Aber auch wenn Sie ihn nicht zum Verzehr sammeln, lohnt es sich, ihn kennenzulernen: Er ist ein Steinpilz-Anzeiger, da er dessen ökologische Ansprüche teilt. Während er als Folgezersetzer nicht auf passende Begleitbäume angewiesen ist, können die Steinpilze nur dort vorkommen, wo die passenden Baumpartner wachsen.

STANDORT Sie finden ihn in Laub- und Nadelwäldern auf nicht zu sauren Böden.

AUSSEHEN Der Hut ist weißlich und oft trichterförmig vertieft. Die ziemlich gedrängt stehenden Lamellen sind angewachsen und laufen meist weit am Stiel herab. Jung sehen sie weiß aus und später werden sie durch das rosabraune Sporenpulver immer mehr fleischfarben. Dies wird mit dem Alter immer deutlicher und ist ein gutes Unterscheidungsmerkmal zu ähnlichen Trichterlingen. Dazu sind die Lamellen recht weich und lassen sich mit dem Finger zerquetschen, während sie bei anderen Lamellenpilzen eher verbiegen oder splittern. Der Stiel verjüngt sich zur Basis hin und ist relativ weichfleischig. Der Geruch ist mehlartig und ebenfalls ein gutes Erkennungsmerkmal. Hut ca. 4–10 cm und Stiel ca. 5×0,8 cm.

SPEISEWERT Er hat einen angenehm mehlartigen Geruch und Geschmack. Er schmeckt auch einzeln zubereitet ausgezeichnet, passt aber auch in Mischpilzgerichte und kann getrocknet werden.

Bleiweißer Trichterling *Clitocybe phyllophila*

Nicht mit weißen, giftigen Trichterlingen verwechseln! Auch sie haben am Stiel herablaufende Lamellen und sehen jungen Mehl-Räslingen oft sehr ähnlich, oft wachsen sie auf vergleichbaren Standorten. Auch junge Weiße Raslinge (s. S. 61) können ähnlich sein, beide Arten sind eindeutig durch das weiße Sporenpulver vom Mehl-Räsling zu unterscheiden. Der Bleiweiße Trichterling hat einen süßsäuerlichen Geruch.

Giftig September bis Oktober

Keulenfuß-Trichterling *Clitocybe clavipes*

Ein gutes Unterscheidungsmerkmal zum Mehl-Räsling ist der an der Basis keulenförmig verdickte Stiel. Die Lamellen sind cremefarben und laufen weit am Stiel herab. Das Sporenpulver ist weiß, daher hilft ein Sporenabdruck sicher bei der Unterscheidung. Er wächst in der Streu von Laub- und Nadelwäldern. Der Keulenfuß-Trichterling verursacht vor allem in Verbindung mit Alkoholgenuss Beschwerden.

Giftig Juli bis November

Riesen-Rötling *Entoloma sinuatum*

Der Riesen-Rötling ist seltener als Mehl-Räslinge. Er wächst in Laubwäldern auf Kalkböden und hat jung bereits gelbliche, nicht am Stiel herablaufende Lamellen. Die werden später jedoch auch eine lachsrosa Färbung annehmen, da das Sporenpulver ebenfalls rosabräunlich ist. Er hat normalerweise keine trichterförmige Gestalt, sondern ist kräftiger und festfleischiger als der Mehl-Räsling. Typisch ist auch der unangenehme Geruch.

Giftig Juli bis Oktober

Rehbrauner Dachpilz

Mai bis November

Pluteus cervinus

TIPP DER PILZBERATERIN Der Rehbraune Dachpilz sagt geschmacklich nicht jedem zu, doch da er recht häufig und relativ leicht zu erkennen ist, probieren Sie ruhig aus, ob er Ihnen gefällt. Außerdem hat er eine lange Vegetationszeit und ist auch bei Trockenheit noch zu finden. Er ist auch wunderbar für Sporenabdrücke geeignet, da er in relativ kurzer Zeit viele Sporen abgibt, die eine schöne, rotbraune Farbe haben.

STANDORT Sie finden ihn auf morschem Laub- und seltener auch auf Nadelholz, auf Rindenmulch und manchmal auf im Boden vergrabenem Holz – dann scheint er direkt auf dem Erdboden zu wachsen.

AUSSEHEN Er wird auch Hirschbrauner Dachpilz genannt, denn der Hut kann mehr oder weniger dunkelbraun gefärbt sein, oft schimmert er seidig, feucht ist er etwas klebrig. Der ringlose Stiel ist weißlich und nicht fest mit dem Hutfleisch verbunden, er lässt sich wie an einer Sollbruchstelle aus diesem lösen. Die eng stehenden, freien Lamellen sind jung weißlich und im Alter durch das rotbraune Sporenpulver zunehmend fleischfarben. Dies beides sind die einfachsten Merkmale, um ihn von anderen, ähnlichen Gattungen zu unterscheiden. Der Geschmack und Geruch erinnern leicht an Rettich. Hut ca. 5–12 cm und Stiel ca. 8 × 1 cm.

SPEISEWERT Mir persönlich sagt der Geschmack nicht besonders zu, doch einige Kursteilnehmer mögen ihn durchaus sehr gerne. Bereiten Sie sich also eine kleine Kostprobe zu, um sich eine eigene Meinung zu bilden.

Der Graue Dachpilz ist einer der wenigen, schwach giftigen Arten aus dieser Gattung. Der Hut ist blassgrau bis graugrünlich und auch der Stiel hat meist einen grün- bis bläulichen Reflex. Er ist wie bei allen Arten aus der Gattung leicht vom Hutfleisch trennbar, ringlos und weißlich. Der Graue Dachpilz wächst nur auf Laubholz. Die meisten Arten der Dachpilze sind ohne mikroskopische Merkmale nicht sicher zu bestimmen.

Giftig August bis Oktober

Grauer Dachpilz *Pluteus salicinus*

Weichritterlinge wachsen nicht auf Holz, können ansonsten jedoch recht ähnlich aussehen. Die weißen, eng stehenden Lamellen sind jedoch angewachsen und das Sporenpulver ist weiß. Ohne mikroskopische Merkmale sind die Arten dieser Gattung kaum zu trennen. Alle Arten sind essbar, ihr Geschmack ist jedoch nicht sehr angenehm und das Fleisch recht weich. Der Gewöhnliche Weichritterling ist einer der häufigsten.

Essbar Juli bis November

Gew. Weichritterling *Melanoleuca melaleuca*

Durch den Standort auf stark vermorschtem Laubholz wirken beide Pilze oft recht ähnlich. Sie können diese Art vor allem durch die entfernt stehenden und angewachsenen Lamellen (der Stiel lässt sich nicht leicht vom Hut lösen) und das weiße Sporenpulver von Dachpilzen unterscheiden. Außerdem befinden sich an der Basis des Stieles häufig Myzelstränge. Er ist weniger ergiebig als der Dachpilz und hat einen ähnlichen Geschmack.

Essbar Juni bis Oktober

Breitblättr. Holzrübling *Megacollybia platyphylla*

Mohrenkopf

Lactarius lignyotus

August bis Oktober

TIPP DER PILZBERATERIN Er ist einer der wenigen schmackhaften Milchlinge mit weißer Milch und dadurch nahezu unverwechselbar. Alle ähnlichen Milchlinge haben scharfe oder bittere Milch. Die Geschmacksprobe ist – wie bei den Täublingen auch – für die Bestimmung von entscheidender Bedeutung (s. S. 15). Allerdings müssen Sie vorher sicher sein, dass es sich nicht um mild schmeckende Giftpilze wie z. B. Pantherpilze (s. S. 77) handelt. Durch das Milchen ist die Verwechslung mit Arten anderer Pilzgruppen jedoch kaum möglich.

STANDORT Sie finden ihn bei Fichten in Gebirgsnadelwäldern auf sauren Böden. Dort wächst er vor allem bei alten Fichten und meidet junge Fichtenbestände. Seine Verbreitung ist insgesamt rückläufig und im Flachland fehlt er.

AUSSEHEN Sein Name beschreibt sehr gut ein typisches Merkmal, den deutlichen Kontrast zwischen den weißen Lamellen und dem dunkelbraunen Hut und Stiel. Die meist spitz gebuckelte Hutoberfläche ist samtig und oft leicht gerunzelt, vor allem im Randbereich. Die Lamellen laufen am dunkelbraunen Stiel herab und sind, hauptsächlich am Stielansatz, ebenfalls typisch runzelig. Die Milch färbt sich an der Luft langsam rosa und hat ebenso wie das Fleisch einen milden und höchstens leicht bitteren Nachgeschmack. Hut ca. 3–8 cm und Stiel ca. 8 × 1 cm.

SPEISEWERT Er ist ein sehr leckerer Speisepilz, besonders kross angebraten ist er eine Delikatesse. Für Mischgerichte und zum Trocknen eignet er sich weniger.

Dieser Milchling hat einen typischen Geruch nach Kokosflocken, sein Geschmack ist scharf. Die weiße Milch verfärbt sich an der Luft nicht. Der grau- bis olivbraune Hut ist in der Mitte oft vertieft und der Stiel ist heller graubräunlich. Er wächst in Wäldern der Bergregionen auf sauren Böden in Lebensgemeinschaft mit verschiedenen Nadelbäumen, seltener auch mit Birken. Der Dunkle Duftmilchling ist recht selten.

Ungenießbar   August bis November

Dunkler Duftmilchling *Lactarius mammosus*

Der Pechschwarze *(Lactarius picinus)* und Flügelsporige Milchling haben ebenfalls rosa verfärbende Milch, schmecken jedoch beide scharf. Der Pechschwarze Milchling wächst auf ähnlichen Standorten wie der Mohrenkopf, hat aber keinen Buckel und einen helleren Stiel und keine herablaufenden Lamellen. Der Flügelsporige Milchling hat einen glatten Hut und Stiel.

Ungenießbar   August bis Oktober

Flügelsporiger Milchling *Lactarius pterosporus*

Der Rußfarbene Milchling hat einen helleren Stiel als der Mohrenkopf und scharfe Milch. Die Milch färbt sich in Verbindung mit dem Pilzfleisch auch rötlich. Ohne Verbindung mit dem Fleisch bleibt sie weiß. Er wächst im Laubwald in Lebensgemeinschaft mit verschiedenen Laubbäumen.

Ungenießbar   Juli bis Oktober

Rußfarbener Milchling *Lactarius fuliginosus*

Echter Reizker

Lactarius deliciosus

August bis Oktober

TIPP DER PILZBERATERIN Durch die karottenrote Milch hat dieser Speisepilz keine giftigen Doppelgänger, er ist höchstens mit anderen Milchlingen zu verwechseln, die auch orangefarbene oder rote Milch haben und alle essbar sind. Neben dem Lachs-Reizker ist der Echte Reizker der schmackhafteste.

STANDORT Er geht eine Lebensgemeinschaft mit Kiefern ein und ist immer in deren Nähe zu finden, weshalb er auch Kiefern-Blutreizker genannt wird.

AUSSEHEN Typisch ist die karottenrote Milch, die lange diese Farbe behält und sich erst nach 1–2 Stunden grün umfärbt. Der gezonte Hut hat immer orange Farben und im Alter kommen zunehmend grüne Farbanteile hinzu. An den Fraßstellen färbt sich das Fleisch ebenfalls zunächst orange und später grünlich. Das Fleisch ist, wie bei allen Sprödblättlern (das sind Milchlinge und Täublinge) aus kugeligen Zellen aufgebaut und bricht ohne bevorzugte Richtungen ähnlich wie Apfelfleisch. Die Huthaut ist feucht schmierig. Die Lamellen laufen etwas am ringlosen Stiel herab. Er ist leicht heller orange als der Hut und besitzt dunklere, grubige Flecken. Jung ist er meist noch vollfleischig, im Alter wird er zunehmend hohl. Hut ca. 4–10 cm und Stiel ca. 5×2 cm.

SPEISEWERT Er wird auch als Edel-Reizker bezeichnet und sein wissenschaftlicher Name (*deliciosus*) verrät ebenfalls seinen köstlichen Geschmack. Besonders lecker ist er mit etwas Salz und Pfeffer kross gebraten oder paniert.

Der Fichten-Reizker hat einen leicht bitteren Geschmack und ist weniger schmackhaft als der Echte Reizker, aber durchaus ein leckerer Speisepilz. Er ist der einzige Blutreizker ohne Grübchen am Stiel. Seine karottenrote Milch färbt sich nach ca. 15 Minuten weinrot und nach Stunden grün. Es ist der häufigste Blutreizker, er wächst bei Fichten, mit denen er eine Lebensgemeinschaft eingeht.

Essbar August bis Oktober

Fichten-Reizker *Lactarius deterrimus*

Der Lachs-Reizker ist ein ebenso guter Speisepilz wie der Echte Reizker. Es ist der einzige Reizker mit orangeroter Milch, der gar keine Grüntöne aufweist. Die orangefarbene Milch läuft an der Luft dunkler rot an. Er wächst bei Tannen- und Douglasien auf Kalkböden, im Norden Deutschlands ist er nicht zu finden.

Essbar August bis Oktober

Lachs-Reizker *Lactarius salmonicolor*

Dieser Milchling hat so wie der Echte Reizker einen leuchtend orangegelben Hut, seine Milch ist jedoch weiß und er ist wie die meisten Milchlinge mit weißer Milch ungenießbar. Der feucht schmierige Hut hat keine deutliche Zonierung. Der Geruch ist obstartig und der Geschmack bitter. Es ist ein Lärchenbegleiter in Bergregionen.

Ungenießbar August bis Oktober

Lärchen-Milchling *Lactarius porninsis*

Frauen-Täubling *Russula cyanoxantha* Juli bis Oktober

TIPP DER PILZBERATERIN Dieser Täubling hat entgegen der meisten seiner Verwandten weiche Lamellen, d. h., sie zersplittern nicht, wenn Sie mit dem Finger darüberstreichen. Die Hutfarbe ist sehr variabel und meist zweifarbig und daher kein gutes Erkennungsmerkmal, um diesen Täubling unter seinen vielen Verwandten zu erkennen.

STANDORT Der Frauen-Täubling wächst meist in Lebensgemeinschaft mit Buchen oder Fichten. Sie finden ihn in Laub- und Mischwäldern vor allem auf Kalkböden.

AUSSEHEN Täublinge gehören zu den Sprödblättlern, einer Familie mit zwei Gattungen, den Milchlingen und Täublingen. Von denen sind alle mild schmeckenden Arten essbar. Schon deshalb lohnt es sich, sie kennenzulernen. Das Fleisch ist von besonderer Konsistenz. Da es aus runden Zellen aufgebaut ist, bricht es ohne bevorzugte Richtung ähnlich wie Apfelfleisch. Dazu gibt es einen einfachen Test: Bei jedem beliebigen Pilz Ihrer Wahl aus diesem Buch – außer den Milchlingen und Täublingen – können Sie den Stiel der Länge nach spalten, nicht aber bei einem Sprödblättler. Der Stiel ist walzenförmig und trägt nie eine Knolle. Teil- und Gesamthülle fehlen. Wenn Sie einen Täubling sicher als solchen erkannt haben, hilft die Geschmacksprobe zur Bestimmung: mild schmeckende Arten sind essbar. Hut ca. 5–15 cm und Stiel ca. 7×2,5 cm.

SPEISEWERT Aufgrund seines festen Fleisches gilt der Frauen-Täubling zu Recht als ausgezeichneter Speisepilz.

Knollenblätterpilze sind tödlich giftig und schmecken trotzdem mild. Sie müssen vor einer Geschmacksprobe auf jeden Fall sicher ausgeschlossen werden. Sie haben faseriges Fleisch, freie Lamellen (s. S. 14), eine Knolle, eine Teil- und Gesamthülle (s. S. 13). Außerdem lässt sich die Huthaut tortenstückartig vom Hut ziehen, während sie sich bei einem Täubling immer strukturlos ohne bevorzugte Richtung vom Hut löst.

Tödlich giftig   Juli bis Oktober

Grüner Knollenblätterpilz *Amanita phalloides*

Diesem Täubling fehlen die für den Frauen-Täubling typischen violetten Farbtöne. Auch hier sind die brüchigen Lamellen ein gutes Unterscheidungsmerkmal. Der Grüne Speise-Täubling geht mit verschiedenen Laubbäumen eine Lebensgemeinschaft ein, meist sind es Buchen oder Eichen. Einige Täublinge kann man an der Sporenpulverfarbe unterscheiden, diese ist beim Grünen Speise-Täubling weiß – beim Frauen-Täubling allerdings auch.

Essbar   Juli bis Oktober

Grüner Speise-Täubling *Russula heterophylla*

Der Grasgrüne Täubling hat eine grasgrüne Hutfarbe, die zum Rand hin meist heller wird. An der Stielbasis besitzt er häufig rostfarbene Flecken. Das Sporenpulver ist im Gegensatz zu dem weißen des Frauen-Täublings cremefarben. Er ist im Laub- und Nadelwald zu finden und geht meist eine Lebensgemeinschaft mit Birken ein.

Essbar   Juli bis Oktober

Grasgrüner Täubling *Russula aeruginea*

Speise-Täubling *Russula vesca* Juni bis Oktober

TIPP DER PILZBERATERIN Bei vielen Täublingen ist die exakte Bestimmung der Art nur mikroskopisch eindeutig, da sich die über 200 Täublings-Arten auf den ersten Blick sehr ähnlich sehen. Der Speise-Täubling ist an der Huthaut, die den Hutrand nicht ganz erreicht, jedoch leicht zu erkennen. Am Rand bleibt daher immer etwas von dem weißen Hutfleisch sichtbar. Wenn Sie sicher sind, dass es sich um einen Täubling handelt, können Sie eine Geschmacksprobe machen, denn alle mild schmeckenden Täublinge sind essbar. Fliegenpilze (s. S. 99) müssen Sie vorher unbedingt ausschließen!

STANDORT Der Speise-Täubling geht mit verschiedenen Bäumen eine Lebensgemeinschaft ein und ist in Laub- und Nadelwäldern zu finden.

AUSSEHEN Typisch ist der fleischrosa bis fleischbräunliche Hut mit der kurzen Huthaut. Sie lässt sich im Gegensatz zu der von z. B. Fliegenpilzen (vgl. S. 99) nicht tortenstückartig vom Hut ziehen. Der Hut wird ebenso wie die weißen Lamellen im Alter rostfleckig. Das Sporenpulver ist weiß. Das Fleisch ist, wie bei allen Täublingen und Milchlingen (zusammen bilden sie die Familie der Sprödblättler), aus kugeligen Zellen aufgebaut und bricht daher ohne bevorzugte Richtung. Dies erkennen Sie am besten, wenn Sie versuchen, den Stiel der Länge nach zu spalten oder zu verdrehen. Der ringlose Stiel ist walzenförmig und hat keine Knolle. Hut ca. 5–10 cm und Stiel ca. 6×2 cm.

SPEISEWERT Seinen Namen hat er zu Recht bekommen, denn es ist einer der wohlschmeckendsten Täublinge mit festem Fleisch und angenehmem Geschmack. Leider ist er häufig madig.

Den Speise-Täubling können Sie vor allem mit anderen Täublingen verwechseln, hier ist vor allem Vorsicht vor den brennend scharfen, meist leuchtend roten Speitäublingen geboten. Im Zweifelsfall entscheidet eine Kostprobe des Fleisches, ob es sich um einen milden, essbaren oder einen scharfen, ungenießbaren Täubling handelt. Das Sporenpulver ist weiß. Diese Art wächst meist in feuchten Nadel- und Laubwäldern mit Fichten.

Ungenießbar Juli bis November

Kirschroter Speitäubling *Russula emetica*

Der Hut bekommt im Alter oft gelbliche Flecken, ähnlich wie der des Speise-Täublings. Die rote Hutfarbe ist jedoch leuchtender. Er wächst bei Buchen und ist auf sauren und nährstoffarmen Böden weitverbreitet. Das Sporenpulver ist ebenfalls weiß. Sicher zu bestimmen sind Speitäublinge nur mikroskopisch. Um sie nicht mit essbaren Täublingen zu verwechseln, hilft eine Geschmacksprobe.

Ungenießbar Juli bis November

Buchen-Speitäubling *Russula mairei*

Der orangefarbene bis rötliche Hut des Apfel-Täublings (s. S. 98) hat einen typischen Glanz. Das Sporenpulver ist im Gegensatz zu dem des Speise-Täublings und der Speitäublinge ockerfarben. Er wächst vor allem in Lebensgemeinschaft mit Nadelbäumen in montanen Kiefern- und Fichtenwäldern, besonders auf Moorböden und zwischen Heidelbeeren.

Essbar Juni bis Oktober

Apfel-Täubling *Russula paludosa*

Apfel-Täubling

Russula paludosa

Juni bis Oktober

TIPP DER PILZBERATERIN Der Apfel-Täubling ist einer der wenigen Täublinge mit leuchtend roten Hutfarben und mildem Geschmack. Es ist nicht leicht, die vielen Täublinge optisch voneinander zu trennen. Mit einer Geschmacksprobe lassen sich die essbaren Arten (schmecken mild) jedoch leicht von den ungenießbaren (schmecken scharf oder bitter) unterscheiden. Vorher müssen Sie jedoch ganz sicher sein, dass es sich um einen Sprödblättler handelt und nicht z. B. um einen Fliegenpilz, dessen Flocken vom Regen abgewaschen sind.

STANDORT Er wächst in Nadel- und Mischwäldern in Lebensgemeinschaft mit Nadelbäumen vor allem auf basen- und nährstoffarmen Böden der montanen Höhenlage, oft zwischen Heidelbeersträuchern.

AUSSEHEN Der orangefarbene bis rötliche Hut hat besonders trocken einen typischen Glanz. Oft sind die leuchtend scharlachfarbenen bis purpurroten Farbtöne gemischt und im Zentrum des Hutes etwas dunkler. Das Fleisch ist unter der Huthaut rot. Das Sporenpulver ist creme-ocker. Die Druckstellen färben sich leicht gelblich und der ganze Pilz ähnelt dem Orangen Graustieltäubling, der sich jedoch an Verletzungen deutlicher grau färbt. Hut ca. 5–12 cm und Stiel ca. 8×2 cm.

SPEISEWERT Der Apfel-Täubling ist ein wohlschmeckender Speisepilz mit festem Fleisch und angenehmem Geschmack. Er ist im Einzelgericht sowie auch in Mischpilzpfannen sehr lecker. Getrocknet duftet das Fleisch nach getrockneten Apfelringen, daher der Name.

Fliegenpilze haben die für alle Faserblättler typische Zellstruktur, d. h., der Stiel lässt sich der Länge nach spalten. Der Pilz hat eine Teil- und Gesamthülle (s. S. 13) und eine Knolle am Stiel. Wenn die Flecken (Reste der Gesamthülle) vom Regen abgewaschen sind, können sie den Fliegenpilz immer noch sicher am gelben Fleisch unter der Huthaut erkennen, wenn Sie ein Stück Huthaut abziehen. Er wächst im Laub- und Nadelwald.

Giftig August bis November

Fliegenpilz *Amanita muscaria*

Der Hut des Blut-Täublings ist blut- bis kirschrot, allerdings können die Farben im Alter verblassen. Der Geruch ist schwach obstartig und der Geschmack des relativ weichen Fleisches scharf und bitter. Der Stiel kann rot überhaucht sein. Das Sporenpulver ist creme-ocker. Er wächst im Nadelwald auf sauren Sand- und Moorböden vor allem in Bergregionen.

Ungenießbar Juli bis Oktober

Blut-Täubling *Russula sanguinea*

Der Hut bekommt im Alter oft gelbliche Flecken. Seine roten Hutfarben sind oft weniger leuchtend als bei anderen Speitäublingen. Er wächst bei Buchen und ist weitverbreitet. Das Sporenpulver ist weiß. Sicher zu bestimmen sind die Speitäublinge nur durch mikroskopische Merkmale. Um sie nicht mit essbaren Täublingen zu verwechseln, hilft eine Geschmacksprobe (die ungenießbaren schmecken scharf oder bitter).

Ungenießbar Juli bis November

Buchen-Speitäubling *Russula mairei*

Echter Pfifferling

Cantharellus cibarius

Juni bis Oktober

TIPP DER PILZBERATERIN Ohne Zweifel ist dies er einer der bekanntesten und attraktivsten Speisepilze überhaupt. Selbst der wissenschaftliche Name »cibarius« bedeutet aus dem Lateinischen übersetzt »zur Speise gehörend«, »Chanterelle« heißt franz. »kleiner Pokal«.

STANDORT Pfifferlinge finden Sie meist schon im Frühsommer auf moosreichen Böden in Laub- und Nadelwäldern. Sie gehen mit verschiedenen Laub- und Nadelbäumen eine Lebensgemeinschaft ein. Die Exemplare können je nach Baumpartner unterschiedlich aussehen. Deshalb unterscheiden einige Autoren zwischen mehrere Varietäten oder Arten – im Speisewert sind sie sich jedoch alle sehr ähnlich.

AUSSEHEN Pfifferlinge sind in ihrer Form und Farbe recht variabel: Im Schatten zwischen Moos wachsende Exemplare sind oft blassweißlich-gelb, andere sind kräftig goldgelb gefärbt. Der Hut hat eine stumpfe Oberfläche und ist meist wellig verbogen. Typisch sind die mehrfach gegabelten und weit am vollfleischigen Stiel herablaufenden Leisten sowie der pfefferartige Geruch. Hut ca. 5–12 cm und Stiel ca. 5 × 1,5 cm.

SPEISEWERT Das Fleisch hat einen angenehm aromatischen Geruch und mild pfefferigen Geschmack. In einigen Regionen wird er auch »Eierschwamm« genannt und mit Eierpfannkuchen schmeckt er besonders lecker. Zum Trocknen ist er weniger gut geeignet, Sie können ihn jedoch sehr gut einfrieren. Außerdem ist er sehr gesund und findet in der Naturheilkunde Verwendung.

Spitzgebuck. Raukopf *Cortinarius speciosissimus*

Sehr junge Pilze können kleinen Pfifferlingen ähneln und Sie sollten diesen Giftpilz unbedingt kennen, da die Verwechslung durch die lange Latenzzeit besonders gefährlich ist. Typisch sind der leuchtend orangebraun gefärbte Hut mit der feinfilzigen Oberfläche und dem meist spitzen Buckel. Die Lamellen stehen etwas entfernt und sind breit angewachsen. Er wächst im Nadelwald auf sauren Böden.

Tödlich giftig   August bis Oktober

Falscher Pfifferling *Hygrophoropsis aurantiaca*

Seinem Namen entsprechend ist er dem Pfifferling oft zum Verwechseln ähnlich, allerdings ohne dessen aromatischen Geschmack und Geruch. Der Hut ist recht dünnfleischig und die Lamellen sind regelmäßiger gegabelt, was zu seinem weiteren Namen »Gabelblättling« geführt hat. In großen Mengen genossen, kann er Magen-Darm-Beschwerden hervorrufen. Ein einzelnes, versehentlich in der Pfanne gelandetes Exemplar ist unschädlich.

Giftig   September bis November

Gelber Leistling *Cantharellus lutescens*

Dieser Speisepilz wird auch Gelbe Kraterelle oder Starkriechender Leistling genannt. Letzteres bezieht sich auf seinen aromatischen Duft, der an Mirabellen erinnert. Er hat dünneres Hutfleisch, weniger erhabene Leisten und einen dunkleren Hut als der Echte Pfifferling. Allerdings sind die Farben sehr veränderlich (vgl. S. 103). Sie finden ihn vorwiegend in Gebirgswäldern.

Essbar   August bis Oktober

Trompeten-Pfifferling

August bis Oktober

Cantharellus tubaeformis

TIPP DER PILZBERATERIN Der Trompeten-Pfifferling ist ein guter Speisepilz, der allerdings einen nicht ganz so würzigen Geschmack hat und etwas dünnfleischiger ist als der Echte Pfifferling. Allerdings lässt er sich im Gegensatz zu diesem sehr gut trocknen.

STANDORT Den Trompeten-Pfifferling finden Sie meist mit vielen Exemplaren nebeneinander auf moosigen, überwiegend feuchten und mehr oder weniger sauren Böden in Laub- und Nadelwäldern. Er wächst in Lebensgemeinschaft mit verschiedenen Nadelbäumen, selten auch mit Laubbäumen. Im Flachland nördlich der Mittelgebirge ist er kaum zu finden.

AUSSEHEN Er wird auch Herbstpfifferling und wegen seines hohlen Stieles auch Durchbohrter Leistling genannt. Der relativ dünnfleischige Pilz ist deutlich in Hut und Stiel gegliedert. Die Hutfarbe ist recht variabel gelbbraun, olivgrau, gelbgrau bis ockerbraun. Die Oberseite ist dunkler gefärbt als die Leisten auf der Unterseite. Sie sind oft sehr flach, können aber auch lamellenartig ausgebildet sein. Der Stiel ist nie ganz rund und etwas kräftiger gelb gefärbt als der Hut. Das Fleisch hat einen unauffälligen Geruch und einen milden Geschmack. Hut ca. 2–6 cm und Stiel ca. 7 × 1 cm.

SPEISEWERT Der Trompeten-Pfifferling ist ein guter Speisepilz. Er wird auch auf Märkten angeboten und ist für jede Art der Zubereitung geeignet. Sie können ihn auch sehr gut trocknen und als Pilzpulver für Saucen und Suppen verwenden.

Typisch ist das fast durchscheinend wirkende, gallertartige Fleisch. Auf dem gelben Stiel befindet sich ein eher grünlichgelbes Käppchen. Einzeln stehende Pilze sind kaum zu verwechseln, doch sie wachsen oft zusammen und so ist bestimmt schon manch Gallertkäppchen mit in der Pfanne gelandet. Es ist vermutlich ungiftig, aufgrund seiner gallertigen bis gummiartigen Konsistenz jedoch nicht als Speisepilz geeignet.

Ungenießbar August bis Oktober

Gallertkäppchen *Leotia lubrica*

Wegen seines aromatischen, an Mirabellen erinnernden Duftes wird dieser Speisepilz auch »Gelbe Kraterelle« oder »Starkriechender Leistling« genannt. Er ist stärker gelb gefärbt als der Trompeten-Pfifferling, allerdings sind seine Farben sehr veränderlich (vgl. S. 101). Als Speisepilz ist er ebenso gut wie der Trompetenpfifferling. Er wächst vorwiegend in Gebirgswäldern und ist seltener geworden, da er empfindlich auf Nährstoffeintrag reagiert.

Essbar August bis Oktober

Gelber Leistling *Cantharellus lutescens*

Er hat dickeres Hutfleisch, stärker erhabene Leisten und einen pfefferartigeren Geruch als der Trompeten-Pfifferling. Außerdem sind die Fruchtkörper in allen Teilen mehr oder weniger gleich gefärbt. Eine Verwechslung ist allerdings eher zum Vorteil, da der Pfifferling (s. S. 100) der beste Speisepilz unter seinen Verwandten ist.

Essbar Juni bis Oktober

Echter Pfifferling *Cantharellus cibarius*

Herbst-Trompete

August bis November

Craterellus cornucopioides

TIPP DER PILZBERATERIN Die düsteren Farben dieses Pilzes sind nicht unbedingt einladend. Doch dieser Eindruck täuscht: Die Herbst-Trompete ist ein ausgezeichneter Speise- und vor allem auch Würzpilz. Allerdings sind überalterte Exemplare nicht so leicht zu erkennen wie bei anderen Pilzarten und Sie sollten sorgfältig darauf achten, nur frische Pilze zu sammeln.

STANDORT Sie finden die Herbst-Trompete meist in Laubwäldern auf Kalk- und Lehmböden. Sie wächst meist in Lebensgemeinschaft mit Buchen und Eichen und ist wegen ihrer dunklen Färbung leicht zu übersehen. Im Flachland ist sie selten.

AUSSEHEN Wegen der dunklen Farben hat dieser Pilz auch den Namen »Toten-Trompete« bekommen. Der wissenschaftliche Name leitet sich von dem lateinischen Wort »crater« (kleiner Kessel) ab. Die tütenförmigen Fruchtkörper sind recht variabel und haben eine schwarz- bis graubraune Farbe. Die Unterseite ist undeutlich längsadrig bis glatt und der ganze Pilz sehr dünnfleischig. Der Hut geht mehr oder weniger übergangslos in den hohlen Stiel über. Die Hüte sind ca. 3–12 cm breit und ca. 5–12 cm hoch.

SPEISEWERT Die Toten-Trompete hat einen aromatischen Geschmack und ist deshalb vor allem als Würzpilz in Mischgerichten beliebt. Sie eignet sich auch ausgezeichnet zum Trocknen und kann gemahlen als Würze für Suppen, Saucen und Pilzgerichte verwendet werden.

Der Graue Leistling ist ähnlich gefärbt wie die Herbst-Trompete, hat aber deutlicher ausgeprägte Leisten. Der Stiel ist ebenfalls hohl. Baumpartner sind meist Buchen oder andere Laubbäumen, seltener auch Nadelbäume. Er ist ein guter Speisepilz, der jedoch wegen seiner Seltenheit geschont werden sollte.

Essbar Juli bis November

Grauer Leistling *Cantharellus cinereus*

Der Trompeten-Pfifferling (s. S. 102) hat mehr gelbe Farbtöne und meist deutlicher ausgeprägte Leisten. Hier sollten Sie vor allem aufpassen, zu alte und ausgeblasste Fruchtkörper nicht mit Herbst-Trompeten zu verwechseln, da diese ebenfalls einen hohlen Stiel haben. Frisch sind beide Arten gute Speisepilze.

Essbar August bis Oktober

Trompeten-Pfifferling *Cantharellus tubaeformis*

Das feste, weißliche Fleisch rötet bei Verletzungen erst und wird dann schwarz. Frische Pilze können nicht mit Herbst-Trompeten verwechselt werden. Alte Exemplare sind jedoch sehr dunkel und bekommen besonders dann eine gewisse Ähnlichkeit, wenn die dickblättrigen Lamellen nicht mehr vollständig erhalten sind. Sie wachsen in Lebensgemeinschaft mit verschiedenen Laub- und Nadelbäumen und sind recht häufig.

Ungenießbar Juli bis Oktober

Dickblättriger Schwärztäubling *Russula nigricans*

Semmel-Stoppelpilz

Juli bis Oktober

Hydnum repandum

TIPP DER PILZBERATERIN Der Semmel-Stoppelpilz ist ideal für Einsteiger, denn er bietet kaum Verwechslungsmöglichkeiten. Sein Name verrät seine Merkmale: Er sieht aus wie eine Semmel und hat auf der Unterseite Stoppeln. Andere Pilze mit Stacheln auf der Hutunterseite sehen ganz anders aus. Pfifferlinge können von oben betrachtet ebenfalls ähnlich aussehen, doch wenn Sie den Pilz umdrehen, ist jede Verwechslung ausgeschlossen.

STANDORT Sie finden diesen auch »Semmelgelber Stacheling« genannten Pilz in Laub- und Nadelwäldern. Meist wächst er bei Buchen oder Fichten. In bergigen Regionen ist er häufiger als im Flachland.

AUSSEHEN Das sicherste Erkennungsmerkmal sind die Stacheln auf der Hutunterseite. Das Fleisch der Semmel-Stoppelpilze bricht ähnlich wie bei einem Sprödblättler, d.h. vergleichbar einem Apfel ohne bevorzugte Richtung. Der cremeweiße bis semmelfarbene Hut ist meist unregelmäßig verbogen und fest mit dem kompakten Stiel verbunden. Hut ca. 6–12 cm und Stiel ca. 5×2 cm.

SPEISEWERT Er ist ein schmackhafter Speisepilz mit festem Fleisch und mildem Geschmack, der jedes Mischpilzgericht bereichert. Er passt besonders gut zu Pfifferlingen, mit denen er auch häufig zusammen zu finden ist. Ältere Pilze können bitter werden. Die Länge der Stacheln liefert Ihnen einen Anhaltspunkt, wie alt der Pilz ist, da sie im Alter länger werden. Er ist nur selten von Maden zerfressen.

Je nach Baumpartner und Standort gibt es hellere und dunklere Formen von Semmel-Stoppelpilzen, die teilweise als Varietäten oder Arten aufgefasst werden. Es gibt auch Zwischenformen, bei denen die Zuordnung schwerfällt. Für den Speisepilzsammler spielt dies keine Rolle, da auch die hellere Form genauso schmackhaft ist wie die dunklere.

Essbar   Juli bis Oktober

Hellere Form des Semmel-Stoppelpilzes

Es gibt ein paar essbare Porlinge, wie z. B. den Schaf-Porling, die von oben dem Semmel-Stoppelpilz ähnlich aussehen können. Allerdings besitzen diese auf der Hutunterseite keine Stacheln, sondern weiße Röhren. Der Schaf-Porling ist recht selten und wächst im Nadelwald auf Kalkböden in Gebirgslagen.

Essbar   Juli bis Oktober

Schaf-Porling *Albatrellus ovinus*

Der Hut mit den bräunlichen, abstehenden Schuppen erinnert an ein Vogelgefieder. Die Stacheln sind ebenfalls graubraun und der ganze Pilz anders gefärbt als Semmel-Stoppelpilze. Er wächst meist im Nadelwald bei Kiefern. Sein Geruch ist angenehm. Sie können ihn gut gegart essen oder getrocknet zu Würzpulver vermahlen.

Essbar   August bis November

Habichtspilz *Sarcodon imbricatus*

Schwefelporling *Laetiporus sulphureus* Mai bis Juli

TIPP DER PILZBERATERIN Dieser Pilz ist bereits im Sommer zu finden und durch seine kräftige gelborangefarbene Tönung leicht zu erkennen. Alle ähnlichen Holzpilze haben auch jung nicht so weiches Fleisch und scheiden als Speisepilze aus. Diese können Sie zum Basteln und als Dekoration für Gestecke sammeln.

STANDORT Der Schwefelporling wächst am Stamm lebender und toter Laubbäume und ist ein Braunfäuleerreger, d.h., es ist ein Holzzersetzer, der nicht in der Lage ist, Lignin abzubauen. Das Holz wird braun und meist würfel- oder quaderförmig zersetzt. Weißfäuleerreger können im Gegensatz dazu auch Lignin abbauen und verwandeln das Holz in eine weiche weiße Masse. Sie finden den Schwefelporling oft an alten Obstbäumen.

AUSSEHEN Die meist konsolenförmig an Holz wachsenden Fruchtkörper sind bis zu 40 cm breit und 2–4 cm dick. Typisch sind ihre leuchtend gelblich-orange Oberseite und die zitronengelben, feinporigen Röhren auf der Unterseite. Das Fleisch ist ebenfalls gelblich und jung weich, später wird es lederartig zäh.

SPEISEWERT Das Fleisch junger Fruchtkörper ist zart und der Geschmack erinnert an Kalbfleisch. Gut gegart, ist der Pilz bekömmlicher und es empfiehlt sich, ihn vor dem Braten abzukochen. Wenn er dann paniert in der Pfanne ausgebraten wird, ist er eine Delikatesse. Allerdings lohnt es sich nur, junge Pilze zu sammeln, da das Fleisch der älteren sehr zäh ist. Es eignet sich dann nicht einmal mehr für Pilzpulver.

Sie wird auch »Zinnoberschwamm« genannt und hat auffallend zinnoberrote, flach fächerförmige Fruchtkörper. Sie sind viel kleiner (3–10 cm) und viel hartfleischiger als Schwefelporlinge und für eine kulinarische Zubereitung auch zu zäh. Sie wachsen an totem Laubholz und sind ebenfalls Weißfäuleerreger.

Ungenießbar ganzjährig

Zinnoberrote Tramete *Pycnoporus cinnabarinus*

Dieser Holzpilz ist jung ebenfalls essbar, hat jedoch einen Geschmack, der nicht jedermann zusagt. Die beige-ockerfarbenen Hüte sind nicht so farbenfroh und meist zu mehreren rosettenartig verwachsen. Das Fleisch wird bei Verletzung und Druck schwarz. Er wächst an totem und lebendem Laubholz und ist ein Weißfäuleerreger.

Essbar Juli bis Oktober

Riesenporling *Meripilus giganteus*

Wegen der gleichen Hutfarbe können Orangeseitlinge auf den ersten Blick Schwefelporlingen recht ähnlich sehen. Beim genauen Hinschauen sind sie durch die Lamellen auf der Unterseite nicht mehr mit Schwefelporlingen zu verwechseln, da diese stattdessen feinporige Röhren besitzen. Das gelbliche Fleisch ist zäh. Die muschel- bis zungenförmigen Fruchtkörper wachsen meist in montanen Lagen auf Nadelholzstümpfen.

Ungenießbar November bis März

Orangeseitling *Phyllotopsis nidulans*

Krause Glucke *Sparassis crispa* August bis November

TIPP DER PILZBERATERIN Die Krause Glucke ist ein ausgezeichneter Speisepilz und nahezu unverwechselbar. Leider ist sie häufig mit Erdpartikeln und Nadeln verschmutzt. Dann blanchieren Sie den Pilz am besten vor dem Waschen, damit das Fleisch biegsam wird und beim Putzen nicht zerbricht.

STANDORT Sie finden diesen Pilz am Grunde alter Kiefern auf der wetterabgewandten (östlichen) Seite des Stammes. Besonders häufig kommt er an alten Kiefern vor, die in Laubwäldern eingestreut sind, seltener auch in reinen Kiefernwäldern oder an anderen Nadelbäumen wie Lärche oder Douglasie oder auch auf deren Stümpfen. Wenn Sie einen Standort gefunden haben, lohnt es sich, diesen zu merken, denn die Krause Glucke ist meist über viele Jahre standorttreu.

AUSSEHEN Die Krause Glucke wird auch Fette Henne genannt, dies beschreibt sehr gut die rundliche Gestalt der badeschwammartigen Fruchtkörper. An der Basis sind die einzelnen bandartig-krausen Äste strunkartig miteinander verbunden. Die Farbe ist relativ variabel von weißlich-gelb bis zu dunkelorange. Normalerweise ist ein Fruchtkörper zwischen 10 und 40 cm breit, es sind aber auch schon bis zu 10 kg schwere Glucken gefunden worden.

SPEISEWERT Das Fleisch hat einen nussartig milden Geschmack und der Geruch ist angenehm aromatisch. Beim Blanchieren verliert der Pilz nicht seinen einzigartigen Geschmack. Er bereichert Mischpilzpfannen, ist aber auch einzeln in der Pfanne gebraten eine Delikatesse.

Die Breitblättrige Glucke hat viel hellere und stärker gezonte, breitere »Bänder«. Sie kommt meist an Eichen oder Weißtannen vor. Sie ist nicht giftig, kann durch ihren muffigen Geschmack und Geruch aber auch nicht als Speisepilz bezeichnet werden.

Ungenießbar August bis Oktober

Breitblättrige Glucke *Sparassis brevipes*

Sie ist giftig für den Magen-Darm-Trakt und wird auch Bauchweh-Koralle genannt. Sie unterscheidet sich – wie alle teils giftigen oder ungenießbaren Korallen – durch aufrechte Äste von der Krausen Glucke mit der badeschwammartigen Struktur. Die Korallen erinnern eher an Meereskorallen als an einen Badeschwamm. Sie wachsen zudem am Erdboden und nicht am Fuße alter Kiefern.

Giftig August bis November

Blasse Koralle *Ramaria pallida*

Dieser Porling hat eine ganz andere Struktur und kein brüchiges Fleisch. Er ist jung ebenfalls essbar, hat jedoch einen Geschmack, der nicht jedermann zusagt. Die beige-ockerfarbenen Hüte sind zähfleischig und meist zu mehreren rosettenartig verwachsen. Das Fleisch wird bei Verletzung und Druck schwarz. Er wächst an totem und lebendem Laubholz und ist ein Weißfäuleerreger.

Essbar Juli bis Oktober

Riesenporling *Meripilus giganteus*

Judasohr *Auricularia auricula-judae* ganzjährig

TIPP DER PILZBERATERIN Das Judasohr ist als »chinesische Morchel« (Mu-Err) Bestandteil zahlreicher chinesischer Gerichte. Er ist ein recht leicht zu erkennender Speisepilz, den Sie – wenn Ihnen die knorpelige Konsistenz des Fleisches zusagt – das ganze Jahr über sammeln können.

STANDORT Das Judasohr gedeiht meist auf alten Holundersträuchern. In feuchten Wäldern ist es auch auf liegenden, toten Laubhölzern zu finden. Obwohl dieser Pilz das ganze Jahr über gesammelt werden kann, gedeiht er im Frühjahr meist besonders gut.

AUSSEHEN Die Form des Judasohres ist sehr variabel und erinnert oft an ein Ohr. Durch das gallertigknorpelige Fleisch und die außen samtige und innen glänzende, geaderte bis runzelige, manchmal auch glatte Oberfläche ist dieser Pilz jedoch gut gekennzeichnet. Hut ca. 3–6 cm breit.

SPEISEWERT Das Judasohr kann gut getrocknet werden. Das Fruchtfleisch schrumpft stark zusammen, quillt jedoch beim Wässern wieder stark auf. Sie sollten beim Sammeln darauf achten, nicht zu alte Fruchtkörper zu nehmen, die bereits Frost bekommen haben oder deren Fleisch nicht mehr frisch ist. Das Judasohr ist von alters her vor allem in der Traditionellen Chinesischen Medizin ein geschätzter Heilpilz.

Das Fleisch des Fleischroten Gallertbechers ist ebenfalls gallertig-gelatinös. Die Fruchtkörper sind jedoch knäuelig gedrängt und aus kleineren, einzelnen, büschelig zusammenstehenden Fruchtkörpern aufgebaut. Sie besitzen keine samtige Außenseite.

Ungenießbar
September bis Februar

Fleischroter Gallertbecher *Ascocoryne sarcoides*

Der Abgestutzte Drüsling hat auch weichgallertige, gelatinöse Fruchtkörper. Sie sind kräftiger grauschwärzlich und unterscheiden sich auch durch die drüsig punktierte Fruchtschicht von Judasohren. Sie gedeihen ebenfalls an totem Laubholz.

Ungenießbar ganzjährig

Abgestutzter Drüsling *Exidia truncata*

Dieser Pilz verdankt seinen Namen den braunschwarzen Sporen, die bei Berührung einen schmutzigen Fleck hinterlassen. Er ist ein typischer Erstbesiedler frisch gefällter Eichen und wächst dort meist auf der sonnenabgewandten Seite. Durch die becherförmigen Fruchtkörper mit der glänzenden Ober- und rauen Unterseite können sie leicht von Judasohren unterschieden werden.

Ungenießbar
September bis November

Schmutzbecherling *Bulgaria inquinans*

Speise-Morchel *Morchella esculenta* April bis Mai

TIPP DER PILZBERATERIN Morcheln sind begehrte Speisepilze. Sie liefern schon im Frühjahr schmackhafte Pilzgerichte und sind leicht zu erkennen. Wenn Sie auf das gleichmäßig aufgebaute Wabenmuster der Hüte achten, können Sie Morcheln kaum mit Lorcheln oder anderen Giftpilzen verwechseln. Innerhalb der Gattung der Morcheln sind alle Arten essbar. Sie werden von alters her geschätzt und in der römischen Antike als »Spongia« verehrt.

STANDORT Sie sind häufig in Auwäldern unter Eschen zu finden. Sie wachsen aber auch an ungewöhnlichen Stellen wie auf Rindenmulch, ungedüngten Wiesen und Schuttplätzen. Sie sind standorttreu, jedoch relativ empfindlich gegen Standortveränderungen.

AUSSEHEN Die Form und Farbe der Speise-Morchel ist sehr variabel. Der rundliche, ocker bis schwarzbraune Hut ist fest mit dem Stiel verwachsen. Das jung besonders im Hut recht brüchige Fleisch wird im Alter zäh und weist dunkle Verfärbungen auf. Der Stiel ist hohl und weiß bis cremefarben. Der Hut ist ca. 4–6 cm hoch und der Stiel ca. 5×2 cm groß. Die Fruchtkörper werden in Ausnahmen bis zu 30 cm groß und 500 g schwer.

SPEISEWERT Sie hat einen angenehmen Geruch und einen köstlich aromatischen Geschmack. Kein Wunder also, dass sie eine der begehrtesten Speise- und Trockenpilze ist. Sie ist roh giftig und muss vor dem Verzehr abgekocht werden. Sie sollten auch gut darauf achten, keine zu alten Pilze zu sammeln. Diese sind wegen des elastisch-brüchigen Fleisches nicht immer sofort zu erkennen.

Die Spitz-Morchel ist der Speise-Morchel als Speisepilz ebenbürtig und ebenso zu verwenden. Sie unterscheidet sich von dieser durch ihren hohen, mehr oder weniger spitz zulaufenden Hut. Das Wabenmuster ist zudem meist regelmäßiger aufgebaut und die längs verlaufenden Hutleisten besitzen viele Querverbindungen. Sie wächst in Auwäldern sowie Parkanlagen, unter Gebüsch und in Wäldern mit feuchten Böden.

Essbar   März bis Mai

Spitz-Morchel *Morchella conica*

Sie hat wie alle Lorcheln keine wabenartigen, sondern hirnartig gewundene Hüte. Die Farbe reicht von dunkelrost- bis -kastanienbraun. Der Stiel ist gekammert und, im Gegensatz zu dem der Morcheln, nicht hohl. Sie wächst in sandigen Kiefernwäldern, in Parkanlagen und meidet kalkhaltige Böden.

Giftig   März bis Mai

Frühjahrs-Lorchel *Gyromitra esculenta*

Die Gruben-Lorchel hat den für Lorcheln typischen lappen- bis sattelförmigen Hut und gekammerten Stiel, der außerdem tiefe Furchen aufweist. Der Hut ist schwärzlichgrau. In der Gattung der Lorcheln gibt es keine Speisepilze. Sie kommt in vielen Laub- und Mischwäldern vor.

Ungenießbar   Juni bis September

Gruben-Lorchel *Helvella lacunosa*

Stinkmorchel

Phallus impudicus

Mai bis November

TIPP DER PILZBERATERIN Die Stinkmorchel ist mit ihrem unangenehmen Geruch kaum zu verfehlen. Doch viele wissen nicht, dass ihr Jungstadium, das Hexenei, einen an Rettich erinnernden Geschmack hat und wie Chips zubereitet werden kann. In trockenen Jahren, wo kaum Pilze zu finden sind, hat die Stinkmorchel schon so manche Pilzpfanne gerettet.

STANDORT Sie ist in Laub- und Nadelwäldern weitverbreitet und hat keine besonderen Bodenansprüche.

AUSSEHEN Im Hexenei sind im Querschnitt bereits die Anlagen für den Mittelteil, den späteren Stiel und Hut sowie die darauf befindliche dunklere Sporenmasse zu erkennen. Das Ganze ist von einer Gallertschicht umschlossen, das den Fruchtkörper vor Austrocknung schützt. Wenn sich das Hexenei öffnet, entfaltet sich der rutenförmige Fruchtkörper und entwickelt seinen aasartigen Geruch. Dadurch werden Insekten angelockt, die zur Verbreitung der Sporen beitragen. Das Hexenei ist hühnereigroß und der ausgewachsene Fruchtkörper bis 20 cm hoch und ca. 3 cm breit.

SPEISEWERT Essbar ist nur das Hexenei. Die Gallerte sollte vor der Zubereitung entfernt werden: Dies geht leicht, wenn Sie die darunter befindliche dünne weiße Hautschicht mit abziehen. Dann werden die dunkle und die innere Schicht zusammen in dünne Scheiben geschnitten und in der Pfanne mit Salz und Pfeffer kross ausgebraten. Die Stinkmorchel (d.h. das essbare Hexenei) ist eine der wenigen Pilze, die in Mahlzeitmenge auch roh verzehrt werden kann und dann rettichartig schmeckt.

Sie ist ähnlich aufgebaut wie die Stinkmorchel und entwickelt sich auch aus einem Hexenei. Die Fruchtkörper sind jedoch viel kleiner und kaum fingerdick. Die orangefarbene Spitze, auf der sich die olivgrüne Sporenmasse befindet, ist im Querschnitt bereits im Jungstadium zu erkennen. Hundsruten sind seltener und wachsen am Boden oder auf vermorschtem Holz in Laub- und Mischwäldern.

Ungenießbar Juli bis Oktober

Hundsrute *Mutinus caninus*

Diese aus Australien eingeschleppte Art entwickelt sich ebenfalls aus einem eiförmigen Gebilde. Die Größe der Hexeneiner ist ähnlich, doch sind bei dem Tintenfischpilz im Querschnitt bereits die Anlagen für die 4–5 leuchtend roten Arme zu sehen, sodass eine Verwechslung mit Stinkmorchel-Hexeneiern ausgeschlossen werden kann. Sie hat auch einen aas- bis kotartigen Geruch zum Anlocken von Insekten.

Ungenießbar Juli bis Oktober

Tintenfischpilz *Clathrus archeri*

Der Grüne Knollenblätterpilz ist jung von einer Gesamthülle umschlossen, aus der der Stiel mit dem Hut langsam emporwächst. Diese jungen, geschlossenen Pilze dürfen Sie auf keinen Fall mit dem Hexenei der Stinkmorchel verwechseln! Im Alter ist der Lamellenpilz mit seiner typischen Knolle sowie der Teil- und Gesamthülle deutlich zu erkennen und von der Stinkmorchel zu unterscheiden.

Tödlich giftig Juli bis Oktober

Grüner Knollenblätterpilz *Amanita phalloides*

Riesen-Bovist

Langermannia gigantea

Juni bis Oktober

TIPP DER PILZBERATERIN Wegen seiner Größe ist der Riesen-Bovist ein sehr beliebter Speisepilz: Zum einen ist er unverwechselbar und zum anderen liefert sein Fruchtkörper sehr viel Pilzfleisch. Besonders paniert gebraten ist er eine Delikatesse.

STANDORT Sie können den Riesen-Bovist auf nährstoffreichen Böden mit hohem Humusgehalt auf Wiesen, in Laubwäldern und Parkanlagen finden.

AUSSEHEN Wenn Sie einen Fußballgroßen, runden Pilzfruchtkörper ohne Schwamm oder Lamellen finden, dann können Sie sich sicher sein, dass es sich um einen Riesen-Bovist handelt. Es sind schon bis zu 20 kg schwere Exemplare gefunden worden. Die Sporenmasse reift im Innern dieser Kugel heran und mit zunehmendem Alter wird das Innere der ursprünglich weißen Kugel beigebräunlich. Außen ist sie von einer ledrigen, derbhäutigen Außenhülle umgeben. Zur Reifezeit werden die olivbräunlichen Sporen freigesetzt und der gesamte Innenteil zu einer stäubenden Sporenmasse.

SPEISEWERT Essen können Sie diesen Pilz nur, solange das Fleisch noch fest und reinweiß ist. Es empfiehlt sich, ihn in Scheiben geschnitten paniert zu braten. Wenn Sie auf die Panade verzichten, sollten Sie darauf achten, dass sich das Pilzfleisch beim Braten nur nicht mit zu viel Fett vollsaugt, da dies schwer im Magen liegen kann. Die gebratenen Pilzstücke können tiefgefroren werden. Der Pilz ist nicht nur lecker, sondern auch gesund und wird in der traditionellen chinesischen Volksmedizin verwendet.

Die Fruchtkörper sind mit 5–10 cm kleiner als Riesen-Boviste und die Oberfläche ist ockerbräunlich bis beigefarben. Sie hat eine harte Außenhaut mit schuppig rauer Oberfläche. Der Geruch ist unangenehm stechend metallisch, und das Fleisch ist auch jung nicht reinweiß, sondern cremefarben und später schwärzlich, zur Reifezeit ist es eine stäubende Sporenmasse. Er ist sehr häufig in Laub- und Nadelwäldern zu finden.

Giftig Juli bis November

Dickschaliger Kartoffelbovist *Scleroderma citrinum*

Bei diesem Pilz werden die Sporen ebenfalls im Innern des Fruchtkörpers gebildet. Mit 10–15 cm Größe ist er kleiner als Riesen-Boviste. Er ist auch dunkler gefärbt und deutlich in einen Stiel- und Kopfteil gegliedert. Wenn das Fleisch noch jung und fest ist, kann er ebenso wie dieser zubereitet werden. Er wächst im Laub- und Nadelwald. Oft bleibt nach dem Aussporen von alten Pilzen nur die Stielbasis übrig.

Essbar Juli bis November

Beutelstäubling *Calvatia excipuliformis*

Sehr kleine Riesen-Boviste könnten mit anderen Stäublingen wie z. B. dem Flaschen-Stäubling (s. S. 120) verwechselt werden. Diese unterscheiden sich jedoch vom Riesen-Bovist dadurch, dass sie deutlich in einen Stiel- und Kopfteil gegliedert sind. Die Sporen werden nur im oberen Kopfteil gebildet. Auf der Oberfläche befinden sich Stacheln, die nach dem Abfallen ein Netzmuster hinterlassen. Unter den Stäublingen gibt es keine Giftpilze.

Essbar Juli bis November

Flaschen-Stäubling *Lycoperdon perlatum*

Flaschen-Stäubling

Juli bis November

Lycoperdon perlatum

TIPP DER PILZBERATERIN Flaschen-Stäublinge sind sehr häufig, und es gibt nahezu keine Verwechslungsmöglichkeiten mit Giftpilzen. Auch wenn die Art eines Stäublings nicht unbedingt immer leicht zu bestimmen ist, so sind alle Arten essbar, auch wenn sie unterschiedlich gut im Geschmack sind.

STANDORT Der Flaschen-Stäubling wächst in der Streu von Laub- und Nadelwäldern und hat keine besonderen Bodenansprüche.

AUSSEHEN Der Flaschen-Stäubling heißt so, weil er eine flaschenförmige Gestalt hat und zur Reifezeit viele Sporen aus dem Innern seines Fruchtkörpers entlässt. Jung ist sein Fleisch reinweiß und fest, mit dem Alter wird es weicher und zuerst gelb, bevor es sich in eine olivbraune Sporenmasse verwandelt. Auf der Außenseite befinden sich kompakte Stacheln, die nach dem Abfallen ein Netzmuster hinterlassen. Er wird 3–7 cm hoch und 1–3 cm breit.

SPEISEWERT Das Fleisch der Stäublinge wird mit zunehmendem Alter weich und gummiartig. Sie sollten darauf achten, nur junge und festfleischige Exemplare zu sammeln, die noch reinweiß sind und sich kaum zusammendrücken lassen. Sie bereichern Mischpilzpfannen und können auch einzeln zubereitet werden. Dann empfiehlt es sich jedoch, sie mit Speck oder Knoblauch zu braten, da sie nicht viel Eigengeschmack haben. Sie sollen auch sehr gesund sein, so wird ihnen in der Pilzheilkunde eine blutstillende Wirkung nachgesagt.

Der Stinkende Stäubling verdankt seinen Namen dem aufdringlichen, unangenehm metallischen Geruch, der an Kartoffelboviste erinnert. Zwar ist er dadurch wenig ansprechend, jung trotzdem essbar wie alle anderen Stäublinge auch. Im Gegensatz zum Flaschen-Stäubling mit einfachen, kompakten Stacheln bestehen seine aus mehreren Teilen. Er kommt im Laub- und Nadelwald vor.

Essbar August bis Oktober

Stinkender Stäubling *Lycoperdon foetidum*

Der Birnen-Stäubling ist durch seinen Wuchs auf totem Laub- und Nadelholz gut gekennzeichnet, er kann jedoch auch auf im Boden vergrabenem Holz vorkommen. Die cremefarbene Außenhaut ist glatt bis feinstachelig. Junge festfleischige Exemplare können gegessen werden, sind durch den unangenehm metallischen (an Kartoffelboviste erinnernden) Geruch aber nicht empfehlenswert.

Essbar August bis November

Birnen-Stäubling *Lycoperdon pyriforme*

Junge Fliegenpilze sind von einer weißen Gesamthülle umgeben, sodass ihre rote Hutfarbe darunter verborgen bleibt. Sie können Flaschen-Stäublingen recht ähnlich sehen. Allerdings wird der Irrtum schnell klar, wenn Sie beim Zerschneiden die gelb-rote Linie unter der weißen Gesamthülle sehen. Vorsicht ist ebenfalls bei jungen Knollenblätterpilzen geboten (s. S. 117). Im Alter besteht durch die sichtbaren Lamellen keine Gefahr mehr.

Giftig August bis November

Fliegenpilz *Amanita muscaria*

Fachausdrücke

amorph	strukturlos
Basalfilz	Myzelfilz am unteren Teil des Pilzstieles
Basidie	sporenbildende Zelle in der Fruchtschicht des Pilzes
basischer Boden	Böden (meist auf Kalk) mit basischer (alkalischer) pH-Reaktion über 7
bereift	reifartiger Belag auf der Oberfläche des Fruchtkörpers
Braunfäule	Holzzersetzung, bei der das Holz bräunlich gefärbt ist, da nur die Zellulose abgebaut wird
Cortina	spinnwebartige Hülle (vor allem der Schleierlinge – Cortinariaceae) zwischen Hut und Stiel
fertil	fruchtbar (mit Sporenbildung)
Fruchtschicht	Teil des Pilzfruchtkörpers, der Sporen bildet (Hymenium)
Gesamthülle	umschließt den jungen Fruchtkörper komplett
Habitus	Gestalt (hier des Pilzes)
hygrophan	Farbveränderung je nach Feuchtigkeitsgehalt
Hyphen	Zellen, aus denen die Pilze aufgebaut sind
Hymenium	Teil des Pilzfruchtkörpers, der Sporen bildet (Fruchtschicht)
Lamellen	blattartige Fruchtschicht
Manschette	Reste der Teilhülle, die am Stiel zurückbleiben (Ring)
Mykologie	Pilzkunde
Mykorrhiza	Lebensgemeinschaft (Symbiose) zwischen Pilz und Pflanze (über die Wurzeln)
Myzel	Pilzgeflecht im Substrat (meist Boden oder Holz), setzt sich aus Hyphen zusammen
Parasiten	Organismen, die auf Kosten anderer leben und ihrem Wirt schaden
Rhizomorphe	wurzelartige Hyphenstränge mit verdickten Hyphen
Ring	Reste der Teilhülle, die am Stiel zurückbleiben (Manschette)
Sammelart	Pilzart, die in verschiedene Kleinarten unterteilt wird
Saprobiont	gedeiht auf totem organischem Material und baut dieses ab
Sporen	Verbreitungseinheit (»Samen«) der Pilze
Sporenabwurfpräparat	durch Auflegen eines Hutes gewonnenes Sporenfarbbild (Sporenabdruck)
Sprödblättler	Pilzgruppe innerhalb der Lamellenpilze (Milchlinge und Täublinge)
Stielbasis	unterer Teil des Pilzstieles
steril	unfruchtbar (ohne Sporenbildung)
Substrat	Nährboden, von dem sich die Pilze ernähren und auf dem sie Fruchtkörper bilden
Symbiose	Lebensgemeinschaft zu beiderseitigem Vorteil (hier Pilz und Pflanze)

Synonym	weiterer Name mit gleicher Bedeutung
Teilhülle	Schutz der Fruchtschicht junger Fruchtkörper zwischen Hut und Stiel (bleibt als Ring zurück)
Trama	Gewebe der Pilzfruchtkörper (vor allem bei Porlingen)
Velum	Schutzhülle junger Fruchtkörper (Velum partiale = Teilhülle; Velum universale = Gesamthülle)
Volva	Reste der Schutzhülle (des Velums), die an der Stielbasis zurückbleiben
Weißfäule	Holzzersetzung, bei der das Holz weißlich gefärbt ist, da neben Zellulose auch Lignin abgebaut wird

Stichwortverzeichnis

Literaturverzeichnis

Baumann, K.: Als wären sie nicht von dieser Welt, Naturfilm

Baumann, K.: Die wunderbare Welt der Pilze, Naturfilm

Bon, M. (1988): Parey's Buch der Pilze, Hamburg und Berlin

Breitenbach, J. & F. Kränzlin (1981–2005): Pilze der Schweiz; Band 1–6; Mycologia-Verlag, Luzern

Flammer, R. & E. Horak (2003): Giftpilze – Pilzgifte. Pilzvergiftungen: Pilzvergiftungen. Ein Nachschlagewerk für Ärzte, Apotheker, Biologen, Mykologen, Pilzexperten und Pilzsammler; Schwabe-Verlag, Basel

Gerhardt, E. (1995): Heimische Pilze – Bestimmen auf einen Blick; BLV Buchverlag, München

Gerhardt, E. (1997): Der große BLV Pilzführer für unterwegs; BLV Buchverlag, München

Gminder, A. (2008): Handbuch für Pilzsammler: 340 Arten Mitteleuropas sicher bestimmen; Franckh-Kosmos

Guthmann, J., Ch. Hahn & R. Reichel (2011): Taschenlexikon der PIlze Deutschlands; Quelle & Meyer, Wiebelsheim

Holzer, H. (2011): Fadenwesen: Fabelhafte Pilzwelt. Edition Lichtland, Freyung

Lelley, J. (2008): Die Heilkraft der Pilze: Wer Pilze isst lebt länger; B.o.s.s Druck und Medien GmbH

Labhardt (2001): Faszination Pilze. Blick in eine rätselhafte Welt; BLV Buchverlag, München

Lüder, R. (2009): Grundkurs Pilzbestimmung; Quelle & Meyer, Wiebelsheim

Lüder, R. (2011): Poster Pilzsystematik zum Grundkurs Pilzbestimmung; kreativpinsel-Verlag, Neustadt

Montag, K. (2007): Pilz-Art, Küchenvergnügen mit Pilzen; www.tintling.com

Montag, K.: Der Tintling, Pilzmagazin: www.tintling.com

Moser, F. (2010): App Pilzführer www.nature-lexicon.de/pilzfuehrer.html

Roth, L., H. Frank & K. Kormann (2001): Giftpilze Pilzgifte; Nikol Verlag, Hamburg

Schmid, H. & W. Helfer (1995): Pilze – Wissenswertes aus Ökologie, Geschichte und Mythos; IHW-Verlag, Eching bei München

Zollner, R. (2011): Pilze: Rezepte – einfach, klassisch und immer gut: Genuss aus dem Wald; Gräfe und Unzer, München

Bildverzeichnis

Alle Bilder stammen von der Autorin, außer:

Achim Bollmann 114
BIOS-Auteurs Le Moigne Jean-Louis: 39u
Biosphoto/Rauch Michel: 105o
Blickwinkel/E. Kajan: 69o
Felix Hampe 24, 42, 49o, 55M, 115M
Jacques Guinberteau 71u, 73u
MalyINaturfoto.cz: 49m
NPL/Arco Images GmbH: 31u, 32
Robin Dost 91u
Wolfgang Dämon 110
www.pilze.de: 89o, 41o, 115o

Über die Autorin

Dr. Rita Lüder ist Biologin und geprüfte Pilzsachverständige. Die Liebe zur den Pilzen und der Natur verdankt sie ihren Eltern Renate und Dr. Alfred Beermann. Früher hat sie mit ihren winzig kleinen Pilzfunden ihren Vater angespornt, noch mehr Arten kennenzulernen. Die beiden geben auch heute noch gemeinsam Pilzkurse. Die Natur- und Pilzliebe verbindet Rita Lüder auch mit ihrem Mann Frank, mit dem sie ebenfalls Pilz- und Pflanzenkurse anbietet. Sie hofft, dass die Pilze mit ihrer unverzichtbaren Bedeutung im ökologischen Kreislauf der Natur – und damit die Umwelt allgemein – bewahrt werden. Ihr Wunsch ist es, dass immer mehr Menschen diese Freude und Faszination teilen und für den Erhalt der Schöpfung mit all ihren Kreaturen einstehen. Weitere Informationen auf der Homepage der Autorin: www.kreativpinsel.de

Impressum

Bibliografische Information der Deutschen Nationalbibliothek

Die Deutsche Nationalbibliothek verzeichnet diese Publikation in der Deutschen Nationalbibliografie; detaillierte bibliografische Daten sind im Internet über http://dnb.d-nb.de abrufbar.

2. Auflage

BLV Buchverlag GmbH & Co. KG

80797 München

Umschlagkonzeption: Kochan & Partner, München
Umschlagfotos: Vorderseite: Bildmaschine.de/ Michaela Bergsteiger (links); Reinhard Tierfoto (rechts); Rückseite: Rita Lüder

Lektorat: Dr. Friedrich Kögel, Christina Rothe
Herstellung: Hermann Maxant
DTP: Satz+Layout Fruth GmbH, München

Gedruckt auf chlorfrei gebleichtem Papier

Printed in Italy
ISBN 978-3-8354-0918-7

Warnhinweis
Der Speisewert der in diesem Buch behandelten Pilze wurde nach bestem Wissen sowie neuestem Kenntnisstand angegeben. Wer Pilze isst, handelt jedoch auf eigene Verantwortung, da die Autorin und der Verlag weder etwaige individuelle Unverträglichkeiten noch die Sammelgewohnheiten des Einzelnen kennen und auch keinerlei Verantwortung für die Fehlbestimmung durch den Leser übernehmen können. Wir warnen allgemein vor dem Genuss zu alter Pilze, generell aber vor Rohverzehr. Das Prädikat »essbar« bezieht sich stets auf den durch Kochen, Braten oder andere Hitzebehandlung zubereiteten Pilz, sofern nicht anders vermerkt.